基于现代信号分析的
管道漏失智能诊断方法

陈志刚　著

吉林大学出版社

·长春·

图书在版编目（CIP）数据

基于现代信号分析的管道漏失智能诊断方法 / 陈志刚著. -- 长春 : 吉林大学出版社, 2020.7
ISBN 978-7-5692-6702-0

Ⅰ. ①基… Ⅱ. ①陈… Ⅲ. ①信号分析 – 应用 – 管道泄漏 – 泄漏检测 – 研究 Ⅳ. ①TE973.6

中国版本图书馆CIP数据核字(2020)第123299号

书　　名：基于现代信号分析的管道漏失智能诊断方法
JIYU XIANDAI XINHAO FENXI DE GUANDAO LOUSHI ZHINENG ZHENDUAN FANGFA

作　　者：陈志刚　著
策划编辑：杨占星
责任编辑：曲天真
责任校对：柳　燕
装帧设计：黄伟娟
出版发行：吉林大学出版社
社　　址：长春市人民大街4059号
邮政编码：130021
发行电话：0431-89580028/29/21
网　　址：http://www.jlup.com.cn
电子邮箱：jdcbs@jlu.edu.cn
印　　刷：北京军迪印刷有限责任公司
开　　本：710mm×1000mm　　1/16
印　　张：16.5
字　　数：270千字
版　　次：2020年8月　第1版
印　　次：2020年8月　第1次
书　　号：ISBN 978-7-5692-6702-0
定　　价：58.00元

内容简介

本书是关于流体管道漏失在线监测及智能诊断方面的专著。书中系统总结了多年来从事管道漏失诊断的研究工作;分析了管道漏失的特点;介绍了流体管道漏失诊断的基本原理和关键技术;在基于现代信号处理技术的基础上,分析了管道漏失信号预处理与特征提取方法;深入阐述了基于压力参数的管道漏失诊断方法;针对实际生产中管网结构的特殊性,简述了管网漏失诊断方法;在机器学习基础上,阐述了深度学习的管道漏失判别中的智能性;考虑到气体可压缩的特殊性,本书还对输气管道漏失诊断方法进行了介绍;最后在工程项目基础上,简述了几种管道远程数据采集与漏失监测系统的实现方法。上述成果对提高管道漏失判别的准确性和智能性提供了有理论意义的参考,同时也具备一定的工程意义。

本书可供从事管道安全运行维护方面的有关人员参考使用。

前　言

管道在输送液体、气体、浆体等方面具有独特的优势,已成为继铁路、公路、水路和航空运输之后的第五大运输工具。我国管道建设是从 20 世纪 50 年代开始的,随着国民经济水平的不断提高,经过几十年的快速发展,管道建设已初具规模。但是管道的老化、锈蚀,突发性自然灾害及人为破坏等都会造成管道的泄漏乃至破裂,如不及时发现并加以制止,不仅会造成能源浪费、经济损失、环境污染,而且会危及人身安全,甚至造成灾难性事故。因此,对管道进行实时在线监测,对泄漏事故进行准确及时的报警,并准确估计出泄漏点的位置具有显著的经济效益和社会效益,同时具有重要的学术价值。

关于管道泄漏识别与定位的研究虽然已有几十年的历史,目前为止,国内外文献中针对管道泄漏识别的方法至少在 20 种以上,但是由于管道输送流体的差异性、管道型号与结构的复杂性、外界环境的多变性以及输送工艺的复杂性,目前还没有一种方法的各项指标可以满足不同管道泄漏检测的要求。近年来,关于现代信号处理和深度学习等智能诊断方法在管道泄漏识别的研究工作和工程实践中得到应用,作者对此也进行了一系列的研究工作,本书正是在这种背景下撰写而成的。

本书针对管道泄漏故障识别与定位进行了深入有益的探索工作。本书研究成果基于以下项目:国家自然科学基金,基于瞬时能量分布的城市燃气管道泄漏诊断方法研究(51004005);住房和城乡建设部科技计划项目,复杂环境下城市地下热力管网漏失监测方法研究(2016-K4-081);北京市教育委员会科技计划一般项目,信息缺失条件下城市地下管网泄漏诊断方法研究(KM201710016014);国家留学基金委资助(201708110138)北京建筑大学 2020 年度研究生教育教学质量提升项目等。这些成果与论文,具有一定的关联性与系统性。因此,作者在以上相关成果的基础上撰写本书,其内容新颖,具有先进性,既有单一方法在工程应用中的创新点,又有多种方法集成应用的实现技术。本书力求易于读者阅读、理解和应用,期望本书的出版能为从事管道安全的广大科技人员提供参考并起到抛砖引玉的作用,亦为本领域的科技进步尽微薄之力。

本书介绍了管道漏失诊断方法及其实现相关技术,主要包括管道概况及漏失诊断的意义、基于现代信号处理管道漏失信号预处理与特征提取方法、基于压力参数的管道漏失诊断方法、复杂工况下管网漏失诊断方法、深度学习方法在管道漏失判别中的应用、气体管道漏失诊断方法以及管道远程数据采集与漏失监测系统的实现技术等方面的内容。

本书的内容是作者多年来在管道泄漏诊断方面不断研究和实践应用的总结,大部分内容来源于作者发表的相关成果以及作者指导研究生的学术论文,在本次出版过程中,研究生杜小磊、赵杰、赵志川、许旭、姜云龙、于越、蔡春雨也参与了部分章节的编写和整理工作。同时,在编写本书的过程中还参考了大量国内外已发表的相关文章、资料和书籍,作者在此一并表示诚挚的谢意。

由于作者水平有限和研究工作的局限性,书中难免存在不足之处,恳请广大读者斧正。

作 者

2020 年 5 月

目　　录

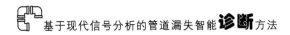

第 1 章　绪　　论

1.1　管道存在的主要安全问题

1.1.1　管道概况

管道在输送液体、气体、浆体等方面具有独特的优势,目前已成为继铁路、公路、水路和航空运输之后的第五大运输工具,为国民经济的发展发挥了巨大的作用。我国管道建设是从 20 世纪 50 年代开始的,随着国民经济水平的不断提高,对油气资源的消费不断增加,经过几十年的快速发展和建设,我国管道规模已经位居世界前列,总体情况表现在以下几个方面:

1.原油外输及长输管道

我国原油管道始建于 1958 年,经过多年建设之后已形成了多个区域性管网。1958 年建成的克拉玛依至独山子原油管道,标志着中国长输管道建设的开始。东北原油长输管道始建于 20 世纪 70 年代初,全长约 2 805 km,曾经是中国建成最早、输油量最大、输送距离最长的原油输送管网。随着我国经济建设快速发展,需要更多的油气资源支持,为了弥补我国原油供需之间的不平衡,近几年还建设了几条跨国原油管道系统来满足对进口原油的需求。截止到 2018 年底,我国原油管道已总长度累计达两万多公里。

2.成品油长输管道

我国成品油管道建设非常迅速,近年来相继有多条成品油干线管道建成投产。西部管道工程是国家重点工程项目,包括原油、成品油两条管线,总长近4 000 km,其中,原油管道干线全长 1 562 km,设计输量 2 000 万 t/年,成品油

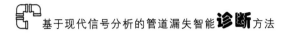

管道干线总长 1 842 km,设计输量 1 000 万 t/年。珠三角成品油管道全长 1 143km,覆盖阳江、江门、肇庆等 11 个城市,设计输送能力为 1 200 万 t/年。我国成品油管道建设呈高速发展趋势,截止到 2019 年底,我国成品管道总长累计达 3 万多公里。在未来的一二十年里,我国成品油管道还将得到快速发展。

3.天然气管道

天然气作为一种清洁能源,具有高热效率和能源效率优势,在全球的利用程度逐步提高。近年来我国加强能源结构调整,降低能源利用过程中带来的环境污染,降低煤炭消费比例,天然气在我国的消费量逐步增长,消费增速远超产量增速。2004 年建成的西气东输管道是我国天然气管道工程的标志性成果,它是我国油气管道建设史上距离最长的输气管道,总长 3 900 km,承担着向我国东部输送天然气的重任。从我国油气运输管道里程来看,随着我国石油天然气开采业的发展,国内管道输油气里程不断增长,截至 2018 年末已经达到了 12.23 万 km,同比增长 2.51%,其中天然气输送管道长度约为 7.6 万 km。

4.城市地下管道

城市地下管道是指城市范围内供水、排水、燃气、热力、电力、通信、工业等管线及其附属设施,城市地下管线是城市的重要基础设施和组成部分,是保障城市正常运行的"生命线"。随着工业化和城镇化的快速发展,城市地下管道的规模也在不断扩大,据统计,截至 2017 年,仅城市供水、供热、燃气、排水管线长度就已达 200 万 km,是 1990 年的 20 倍,城市地下管道在城市经济发展中发挥越来越重要的作用。

总体来说,我国的管道工业正处在一个充满生机,又富有挑战的新时期,必将随着国民经济的持续快速发展而大有作为。

1.1.2 管道事故及危害

随着管线的增多,管龄的增长,由于施工缺陷和腐蚀等问题以及人为破坏,管道事故频频发生,给人民的生命财产和生存环境造成了巨大的威胁。世界管道工业史的大量数据表明,管道同世界上其他事物一样,事故的发生都有称为"浴缸效应"的一般规律。

图 1-1 所示的"浴缸效应"事故概率曲线表明:在整个管道寿命区内都有事故发生,事故发生的概率可分为三个阶段:管道在运行第一阶段(初生期)和第三阶段(衰老期)事故发生的概率较高,第二阶段(稳定期)事故发生的概率较低。

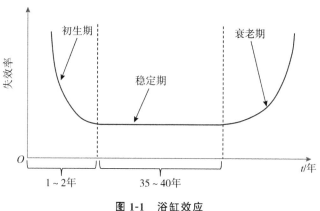

图 1-1 浴缸效应

统计资料表明,目前世界上总管网的 50% 已经用了 30 年甚至更长时间。由于腐蚀、意外损坏等原因,不法分子盗油、泄漏事故时有发生,给国家和企业造成了巨大经济损失,同时也给人民生命财产带来了安全隐患。

一般来说,管道泄漏造成的主要危害表现在如下几个方面:

1. 引发灾害

主要是指易燃、易爆、有毒、有害物料从压力容器或管道内发生外泄,从而引发火灾、爆炸、中毒、人身伤亡等事故。2006 年 2 月 2 日晚和 3 日凌晨,乌克兰东部城市卢甘斯克市因天然气管道泄漏发生两起爆炸事故,造成 5 人死亡、17 人受伤、1 人被埋。2017 年 7 月 2 日,贵州省黔西南州晴隆县的中石油输气管道因连续降雨导致道路坡度下陷,沿坡倾斜侧滑,挤断埋地敷设的输气管道发生泄漏事故,引发燃烧和爆炸,事故造成 8 人死亡、35 人受伤。2019 年 1 月 18 日,墨西哥伊达尔戈州图斯潘市—图拉市输油管道由于偷油行为引起了爆炸,造成 150 人伤亡。2019 年 1 月 18 日,墨西哥伊达尔戈州特拉韦利尔潘市一处输油设施遭不法分子偷油,随后发生爆炸,造成的死亡人数已达到 73 人,另有 75 人受伤。

2.环境污染

管道泄漏还会造成污染环境,破坏农、牧、渔业生产,损害人们的身体健康。有些地下输送有害流体的管线泄漏会污染地下水,使其变色变味,无法饮用,有害的泄漏流体浸入地面还会使地上的植物死亡。1993 年几个农民在东黄输油线上打孔盗油,因长时间未能发现,原油大量损失,附近 50 亩（1 亩≈667m²）耕地被毁。2007 年 7 月 31 日凌晨,盗油者在曲阜市姚村镇前代村东的鲁宁输油管线上打孔盗油时,造成原油管喷,持续时间达 3.5h,导致近 30t 原油泄漏,近 8 亩农田被污染。2016 年 5 月 21 日,墨西哥湾水下输油管道发生泄漏事故,导致大量的原油流入该水域,形成了一个巨大的油污带,这起事故虽然没有造成人员伤亡,但是由于污染造成了大量海洋生物的死亡。

3.经济损失

物料介质从管道上的大量外泄,会引起消耗增加,成本上升,使企业的经济效益下降。大庆油田 1999 年因各种盗抢原油损失 20 多万吨,总价值 2 亿多元。其中,在输油管线上打孔盗油案件发生 23 起,损失原油 3 000 多吨,价值 400 万元。长庆油田 2015－2018 年期间打孔盗油案件急剧上升,外泄原油 3 394t,造成直接经济损失 400 多万元。2019 年 11 月 22 日,青岛输油管道由于管道破裂导致的爆炸,造成了当地 2 000m² 的路面被原油污染,伤亡人数达 198 人,造成的经济损失达 7.5 亿元。

从上述事故案例中可以发现,一旦管道泄漏尤其是输送危险化工产品的油气管道泄漏,很容易造成巨大的人员伤亡、财产经济损失、环境污染和生态破坏,通常需要很长时间的修复。

1.2　管道泄漏诊断的意义

1.2.1　管道泄漏诊断的意义

根据美国、加拿大及欧洲等地管道管理机构对管道事故的分析统计,可知管道泄漏是造成管道事故的主要原因,而外部干扰是导致管道泄漏的主要因素。由于管道泄漏不仅造成能源浪费、经济损失、环境污染,而且会危及人身安全,甚至造成灾难性事故。因此,对油气管道进行实时在线监测,对泄漏事故进行准确及时的报警,提高管道输送管理水平,减少经济损失和环境污染,具有重要的现实意义。

1.2.2 管道泄漏的原因

管道泄漏的原因有很多,根据分析统计可总结为以下三个方面:

1.自身因素

管道在实际运行期间,因为生产、安装及使用过程中存在不足,时常会对管道造成破坏,发生泄漏。主要存在因压力过度而发生的变形韧性破坏、生产过程中存在缺陷而发生的低应力脆断脆性破坏、管道埋设于盐渍土等环境中而发生的腐蚀破坏、周期性变化的循环载荷作用造成的疲劳破坏和因高温高压环境而发生的蠕变破坏等。

2.环境和地质条件因素

对于油气长输管道而言,大部分通常深埋于地下并且长度达到几十上百千米,经常穿越地质条件恶劣的区域,例如地震区、山体滑坡泥石流、冻土地区、流动沙丘等。管道经常受到自然界的外力作用,导致其产生不同程度的变形。例如冻土地区管道主要发生翘曲变形,滑坡等地表变形通常使管道产生屈曲变形,湿陷性黄土地区管道发生不均匀沉降变形等。在这些地区,管道变形是导致管道事故的最主要原因,大的变形会导致管道材料达到破坏极限,导致管道失效,引发油气泄漏。

对于城市埋地管道而言,传统的管道大多采用直埋敷设的方式,如自来水、燃气、热力管道,由于城市地下土壤成分复杂,包含有大量的水分、腐蚀性离子以及微生物等,很容易造成管道的化学腐蚀、电化学腐蚀、微生物细菌腐蚀以及杂散电流腐蚀等,是管道腐蚀的重要原因。另外由于埋地管道通常无法进行定期检修,长时间的腐蚀极易导致泄漏事故的发生。

3.人为因素

一些犯罪分子受到利益的驱使,在管道上打孔盗油,不仅对管道结构产

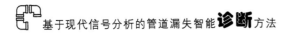

生破坏,更会使油料泄漏,引发更严重的后果,对我国的管道运输业造成了严重的经济损失;另外,第三方施工等也会导致管道破坏损伤,许多城镇的基础建设发展要进行勘探、开挖地基等工作,若管线处没有标识,或施工方未掌握该地区管道网络信息,管道很容易就会受到第三方施工的破坏。

1.2.3　国内外管道泄漏诊断研究历程及现状

早期的管道泄漏检测方法偏重于硬件方法,通常采用一些专用的人工分段沿管道巡检仪器,如探测球、磁通管道猪和电磁超声检测仪等。这些仪器主要通过采集大量数据,并将探测所得数据存于内置的专用数据存储器中进行事后分析,以判断管道是否有泄漏点。该方法检测准确,定位精度较高,缺点是探测只能间断进行,易发生堵塞、停运的事故,而且造价较高。进入20世纪70年代,由于计算机技术在各个领域的应用以及现代控制理论的发展,近年来逐步发展起了基于信号以软件为主的检测方法。

最初出现的基于信号检测方法主要对管道流量进行监测。管道在正常运行状态下,其输入和输出质量应该相等,泄漏必然产生量差。体积或质量平衡法是最基本的泄漏探测方法,可靠性较高。该方法可以直接利用已有的测量仪表,如流量计、温度计等,实现对管道的连续监测,并能及时发现泄漏,缺点是不能对泄漏进行定位。

A.Benkherouf提出了卡尔曼滤波器方法,这类方法能够跟踪管道故障的变化,对管道中间状态也可以估计。但在实际应用中建立一条管道的精确数学模型常常是不可能的,且参数还可能随时间变化。由于这种方法假设泄漏后首末端压头不变,与实际有一定偏离。

X.J.Zhang提出了一种基于动态质量平衡的气体和液体管道的统计检漏法。该方法不需建立管道动态模型,根据管道出入口的流量和压力连续计算压力和流量之间关系的变化。当泄漏发生时,流量和压力之间的关系总会变化。应用序列概率比检验(SPRT)方法和模式识别技术,可检测到这种变化。当泄漏确定之后,用最小二乘法进行泄漏定位。壳牌公司将此套系统安装于多条气体和液体管道上,并达到较为可靠的性能。

W.Mpssha提出了开环管道系统频率响应法确定泄漏点位置和泄漏量

的方法。通过周期性开关阀门产生一个稳态振荡流,使用转移矩阵方法分析频域和获取阀门处的频率响应图,对有泄漏的管道系统,响应图中存在着低于无泄漏系统共振压力幅度峰的附加共振压力幅度峰。这种方法对于高压力、长距离的输油管道来说,产生振荡流是不符合安全生产运行要求的,同时无法做到连续实时监测。

管道泄漏检测技术是管道工业发达国家竞相研制的高新技术,在国际上属于垄断技术。美国、英国、德国、加拿大等管道工业发达国家对管道检测技术的研制已有近四十年的历史,但仅有几家公司掌握此项技术。目前,国外公司原则上对我国不出售设备(即使出售,每套标价几百万至上千万美元),仅提供检测服务,其检测费每公里约1万美元。而且,由于我国油气管道设计、地域和油品的复杂性,国外大多检测系统不能直接应用于我国管道系统。因此,为解决我国流体管道输送安全检测这一难题,研究拥有自主知识产权的流体管道实时监控系统,以便及时发现并精确定位管线泄漏,成为近些年来国内故障诊断领域的前沿课题。

随着我国管道运输业的发展,管道泄漏的检测与定位已成为一个日益紧迫的问题。20世纪80年代以来,我国的部分科研院所在应力波法、负压波法、实时模型法等方面进行了卓有成效的研究。

清华大学研制检漏系统对32 km管道进行在线监测,技术指标为:最小检测泄漏量5 m³/h,约为总流量的0.6%;漏点定位精度为全管长的2%左右。天津大学采用负压波法开发的泄漏检测和定位系统是基于LabVIEW平台实现的,利用修正的压力波速度公式,系统能在泄漏的200 s内反应,定位误差为被测管长的2.0%。现已在胜利油田的临盘—济南、沧州—临邑两条管道上应用。东北大学与胜利油田胜通新科技开发中心研制的流体输送管道泄漏智能诊断与定位系统应用在胜利油田河口采油厂的义首线、孤东线等输油管道上,采用输差-压力波联合法进行泄漏检测与定位,可测量单段最大管长为50 km,漏点定位误差为管长的2%,最小检测泄漏量为管道输量的2.0%,报警反应时间小于55 s。该方法的缺点是对泵阀等操作扰动或管道本身动力学变化较敏感,易造成误检。中国石油大学(北京)开发了双扭环存储机制的管道泄漏检测系统,利用双扭环采集技术实现了压力参数信号高速采

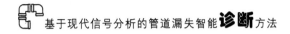

集,为较小泄漏事件的检测提供了前提条件,同时,提出了基于信息缺失条件下管道泄漏信号识别方法,达到了较好的识别效果,该方法能对泄漏量为1.5%左右的小泄漏进行检测,定位精度可达1.0%。

1.3　管道及管网泄漏诊断主要方法

随着管道在国民经济中所处地位的不断加强,管道的安全运行受到了越来越多的重视。作为管道运行监控重要组成部分的泄漏检测技术一直在不断发展中。由于管道泄漏检测技术是多领域多学科知识的综合,目前已有多种管道泄漏检测方法,在检测方式和技术手段方面差别较大,从最简单的人工分段沿管道巡检到复杂的软硬件相结合的实时模型方法,从陆地检测发展到海底检测,甚至利用飞机或卫星遥感检测大范围管网等。

1.3.1　分类方法依据

由于管道及泄漏检测与定位技术是多学科知识的综合,其检测手段差别很大,现有的管道泄漏检测与定位的方法很多,其分类方法也很多,到目前为止,还没有一个统一的分类方法。根据近十几年来国内外相关资料,比较公认的分类方法大致有以下四类:

(1)根据检测过程中使用的测量手段不同可分为基于硬件和软件的方法;

(2)根据测量分析的媒介不同可分为直接检测法与间接检测法;

(3)根据检测过程中检测装置所处位置不同可分为内部检测法与外部检测法;

(4)根据检测对象不同可分为监测管壁状况和监测内部流体状态的方法。

管道泄漏检测方法中一部分可用于管网检测,但由于自身缺点,实用价值不高。目前,管道泄漏诊断方法大多是针对单条管道进行研究的,在对管网泄漏进行诊断研究时,通常将其划分成若干单条管段后进行诊断。

1.3.2 管道泄漏诊断方法

结合目前国内外惯用的方法,根据近十几年来检测与定位方法的侧重点与媒介不同,本书按基于硬件和软件的分类方法,对其做简要介绍。

1.基于硬件的检漏方法

1)直接观察法

此种方法是依靠有经验的管道工人或经过训练的动物巡查管道。通过看、闻、听或其他方式来判断是否有泄漏发生。国外较发达的国家通常利用直升机以及其他一些较先进的设备进行沿线观察,可以检测出很小的泄漏事故。我国通常是雇佣临时巡线员沿管道往返巡查,虽与发达国家有较大差距,但就我国国情而言,也是切合实际的。直接观察法的主要缺点是不能实现连续监测。

2)管道猪

管道猪也称作爬机,主要利用漏磁或超声技术来对管道完整性进行检测,分为磁通猪和超声猪两类。爬机在管道工业中广泛使用,如果配置各种传感器,就能组成智能爬机检测系统。目前利用爬机可以检测管内的压力、流量、温度以及管壁的完好程度。

3)机载红外线法

这一技术由美国 OILTON 公司开发。方法是应用直升机吊一航天用的精密红外摄像机沿管道飞行,通过判读输送油料与周围土壤的细微温差成像确定是否有油料泄漏。美国佛罗里达技术网络公司用直升机以 160 km/h 的速度沿线飞行,机上载有红外线摄像装置,记录埋地输油管道周围某些不规则的地热辐射效应,利用光谱分析可检测出较小泄漏位置。这种方法可用于长管道微小泄漏的检测。

4)嗅觉传感器

将嗅觉传感器沿管道按一定的距离布置,组成传感器网络对管道进行实时监控,再借助于计算机和现代信号处理技术可大大地提高检测的灵敏度和精确度。当发生泄漏时,对泄漏物质非常敏感的嗅觉传感器就会发出报警。该种检测方式的特点是能精确地对泄漏地点进行定位。然而需要预先在管

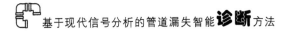

道周围埋设大量传感器和传输装置,费用较高,且只能对已经泄漏的地点进行报警而不能提前预报泄漏地点。该方法较适用于气体泄漏检测。

5)探测球法

基于磁通、超声、涡流、录像等技术的探测球法是20世纪80年代末期发展起来的一项技术,用探测球沿管线内进行探测,利用超声技术或漏磁技术采集大量数据,并将探测所得数据存在内置的专用数据存储器中进行事后分析,以判断管道是否有腐蚀、穿孔等情况,即是否有泄漏点。该方法检测准确、精度较高,缺点是探测只能间断进行,易发生堵塞、停运等事故,而且造价较高。

6)半渗透检测管法

这种检漏管埋设在管道上方,气体可渗透进入真空管,并被吸到监控站进行成分检测。美国谢夫隆管道公司在天然气管道上安装了这种监测系统(LASP)。LASP以扩散原理为基础,主要元件是一根半渗透的监测管,内有乙烯基醋酸酯(EVA)薄膜。这种膜的特点是对天然气和石油气具有很高的渗透率,但不透水。如果检测管周围存在油气,会扩散进去。检测管一端连有抽气泵,持续地从管内抽气,并进入烃类检测器,如检测到油气,则说明有泄漏发生。但这种方法安装和维修费用相对较高,另外,土壤中自然产生的气体(如沼气)可能会造成假指示,容易引起误报警。

7)检漏电缆法

检漏电缆法多用于液态烃类燃料的泄漏检测。电缆与管道平行铺设,当泄漏的烃类物质渗入电缆后,会引起电缆特性的变化。目前已研制的有渗透性电缆、油溶性电缆和碳氢化合物分布式传感电缆。这种方法能够快速而准确地检测管道的微小渗漏及其渗漏位置,但其必须沿管道铺设,施工不方便,且发生一次泄漏后,电缆受到污染,在以后的使用中极易造成信号混乱,影响检测精度,如果重新更换电缆,将是一个不小的工程。

8)光纤检漏法

(1)塑料包覆硅光纤检漏

这种光纤具有化学敏感性,因其使用了一种含有特定化学成分的可渗透硅质包层,当泄漏出的被监测物质与包层中的化学成分相遇时,即可发生化学反应,使包层折射率改变,光线就会从中逸出。此时,只要沿光纤有规律地发射短的光脉冲,当光脉冲遇到泄漏处时,一部分光线就会被反射回来,通过测量发射和反射脉冲间的时间差,即可确定泄漏地点。

（2）分布式光纤声学传感器法

该方法是利用 Sagnac 干涉仪测量泄漏所引起的声辐射的相位变化来确定泄漏点的范围,这种传感器可以用于气体或液体运输管道。这种方法是把光纤传感器放在管道内,通过接收到的泄漏液体或气体的声辐射来确定泄漏和定位。由于是玻璃光纤,所以不会被分布沿线管道的高压所影响,也不会影响管道内液体的非传导特性,而且光纤还不受腐蚀性化学物资的损害,寿命较长。在理论上,10 km 管道定位精度能达到±5 m,反应也较灵敏及时,但成本较高。

2.基于软件的检漏方法

随着计算机、信号处理、模式识别等技术的迅速发展,基于软件系统(如 SCADA 系统)的实时泄漏检测技术受到了人们越来越多的关注,并逐渐发展为检漏技术的主流和趋势。这类方法主要是对实时采集的温度、流量、压力等信号进行实时分析和处理,以此来检测泄漏并定位。基于软件的诊断方法中又可分为基于信号处理、基于模型和知识的方法。

1）基于信号处理的方法

（1）体积或质量平衡法

管道在正常运行状态下,其输入和输出质量应该相等,泄漏必然产生量差。体积或质量平衡法是最基本的泄漏探测方法,可靠性较高,缺点是无法对泄漏点进行定位。

（2）压力法

多数长输管道中间泵站均不安装流量计,只安装压力检测装置,因此就产生了只用压力信号检漏的方法。

①压力点分析法（PPA）

该方法可检测气体、液体和某些多相流管道的泄漏,依靠分析由单一测点测取的数据,极易实现。管道发生泄漏后,其压力降低,破坏了原来的稳态,因此管道开始趋向于新的稳态。在此过程中产生了一种沿管道以声波传播的扩张波,这种扩张波会引起管道沿线各点的压力变化,并将失稳的瞬态

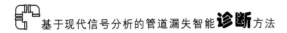

向前传播。

②压力梯度法

在稳定流动的条件下,压力分布呈斜直线,当泄漏发生时,漏点前的流量变大,压力分布直线斜率变大,漏点后的流量变小,相应斜率也变小,压力分布由直线变成折线状,折点即为泄漏点。根据上、下游管段的压力梯度,可以计算出泄漏位置。压力梯度法需要在管道上安装多个压力检测点,而且仪表精度及间距都对定位结果有较大的影响。当然,在管线上测量点越多,性能越好。这种以线性为基础的压力梯度法,不适合"三高"原油。

③负压波法

当管道发生泄漏时,泄漏处立即产生因流体物质损失而引起的局部液体密度减小,出现瞬时的压力降低,作为减压波源通过管线和流体介质向泄漏点的上下游以一定的速度传播,泄漏时产生的减压波也称为负压波。设置在泄漏点两端的传感器根据压力信号的变化和泄漏产生的负压波传播到上下游的时间差,就可以确定泄漏位置。文献[15]认为压力波的传播速度是一个变化的物理量,受液体的弹性、密度、管材弹性等因素的影响,给出了改进的算法;同时提出了用小波变换技术提取瞬态负压波的信号边缘,对两端的测点信号进行特征点捕捉,获得了满意的效果。文献[16]对有关的计算进行了深入的讨论,使计算精度和定位精度得到了进一步的提高。

负压波探测对突然发生的大规模泄漏容易发现并定位准确,对较小的泄漏则需要花费较长时间,但对由于管道老化、腐蚀、结合部件不严密等原因导致的持续性泄漏则难以检测到。

④小波变换法

小波变换即小波分析是 20 世纪 80 年代中期发展起来新的数学理论和方法,被称为数学分析的"显微镜",是一种良好的时频分析工具。文献[28]介绍了小波分析在故障诊断中的应用,指出利用小波分析可以检测信号的突变、去噪、提取系统波形特征、提取故障特征进行故障分类和识别等。因此,可以利用小波变换检测泄漏引发的压力突降点并对其进行消噪,以此检测泄漏并提高检测的精度。文献[29]利用多尺度小波变换,突出小波变换系数的局部极值性,分析表明,检测信号的小波变换系数极值的奇异性准确地反映了管道检测信号的泄漏特征,并且从局部描述了管道泄漏信号的瞬态正则性。文献[30]同样利用小波变换对管道泄漏的压力信号进行分析,从而得到泄漏点。小波变换法的优点是不需要管线的数学模型,对输入信号的要求较低,计算量也不大,可以进行在线实时泄漏检测,克服噪声能力强,是一种很有前途的泄漏检测方法。但应注意,此方法对由工况变化及泄漏引起的压力突降难以识别,易产生误报警。

(3)相关分析法

设上、下两站的传感器接收到的信号分别为 $x(t)$、$y(t)$,其互相关函数为 $R_{xy}(t)$。如果 $x(t)$ 和 $y(t)$ 的信号是同频率的周期信号或包含有同频率的周期成分,那么,即使 t 趋近于无穷大,互相关函数也不收敛并会出现该频率的周期成分。如果两个信号含有频率不等的周期成分,则两者不相关,即互相关函数为零。当没有泄漏发生时,互相关函数的值在零值附近,发生泄漏后,互相关函数之间很显著地变化,以此检测泄漏,并根据互相关函数极值点位置进行泄漏点定位。用互相关分析法检漏和定位灵敏、准确,只需检测压力信号,不需要数学模型,计算量小,其对快速突发性的泄漏比较敏感,对泄漏速度慢、没有明显负压波出现的泄漏很难奏效。

(4)声发射法

声发射法是将泄漏时产生的噪声作为信号源。当管道发生泄漏时,泄漏点产生的声波沿管道向两端传播,通过管道两端设置的传感器拾取该声波,其检测和定位原理与应力波相同。由于环境因素的作用,声波在沿管壁传播时衰减很快,不适合长输管道。由于声发射波的特性比较复杂,其频谱在一定范围内是连续的,而且影响声波特性的因素较多,因而识别该泄漏噪声信号比较困难。另外,由于管道沿途需要设置大量的传感器,其检测系统的维护工作量较大,因而这种方法成本较高。

2)基于管道模型的方法

基于模型的方法主要是对管道运行进行建模或状态估计,以达到对管道运行状态的预测,近年来,基于模型的方法也取得了很好的进展。

(1)Kalman 滤波器法

该方法假设将管道分成 N 段,假定在 $N-1$ 段各分段点上的泄漏量为

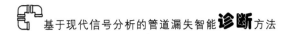

$q_1,q_2,\cdots,q_{N-1}$,建立包含泄漏量在内的压力、流量状态空间离散模型,以上下游的压力和流量作为输入,以泄漏量作为输出,用扩展 Kalman 滤波器来估计这些泄漏量,运用适当的判别准则可进行泄漏检测和定位。但该方法的定位算法需假设流动是稳定的,且检测和定位精度与等分段数无关,还需要设置流量计。

(2)状态估计器法

该方法是在假设泄漏量较小的情况下,建立管道内流体的压力、流量和泄漏量的状态方程,以被检测到的两站压力为输入,对两站流量的实测值和估计值的偏差信号做相关分析,便可得到定位结果。该方法仅适用于小泄漏量情形的检漏和定位。

(3)系统辨识法

通过系统辨识来建立模型是工业上经常使用的方法,该方法和机理建模法相比具有实时性强和更加精确等优点,管道的模型也可以通过系统辨识的方法来得到。文献[34]在管道系统上施加 M 序列信号,采用线性 ARMA 模型结构增加某些非线性项来构成管道的模型结构,用辨识的方法来求解模型参数,并用和估计器方法类似的原理进行检漏和定位。文献[35]提出了一种通过辨识管内不恒定流的数学模型来确定故障位置的方法,把管道视为一个单输入单输出线性系统,先通过辨识和参数估计得到压力的脉冲响应函数,再对脉冲响应的波形进行分析来确定故障的位置,能够较好地检测出泄漏量大于10%的泄漏和堵塞。该方法需离线地建立管道模型。

基于模型的方法定位准确,适应能力强,其不足在于算法复杂,检测响应时间慢,而且需要设置流量计等多种传感器设备。

(4)实时模型法

实时模型法认为流体输送管道是一个复杂的水力与热力系统,根据瞬变流的水力模型和热力模型及沿程摩阻的达西公式建立起管道的实时模型,以测量的压力、流量等参数作为边界条件,由模型估计管道内流体的压力、流量等参数值,将估计值与实测值进行比较,当偏差大于给定值时,即认为发生了泄漏。由于影响管道动态仿真计算精度的因素众多,因此采用该方法进行检漏及定位的难度很大。

3）基于知识的方法

（1）基于神经网络和模式识别的方法

由于管道泄漏时未知因素很多，采用常规的数学模型存在一定的困难，而人工神经网络具有逼近任意非线性函数和从样本学习的能力，故在管道泄漏检测中得到越来越多的重视。文献[36]应用 LabVIEW 分析单传感器在泄漏管道不同位置拾取的泄漏信号的时频域特征，来构造人工神经网络的输入矩阵，能对管道泄漏状况进行分析检测与定位，实现了管道泄漏检测的单传感器定位，由于故障模式集的有限性，泄漏检测准确性和定位精度不高，多泄漏情况下更差。文献[37]提出了将管道运行条件及泄漏信息作为输入，分别建立了用于检漏和定位的两套神经网络，其优点是抗噪声干扰能力强，灵敏，检测精度高，能检测到 1.0% 的微小泄漏，且保持很低的误报警率，但该技术在定位时只能定位到段，而不能进行更精确的定位。针对此问题，文献[39]提出了一种自适应神经元网络算法，该算法不需要从实际泄漏中获取训练数据，而且能够在线学习过程故障，取得了更好的效果。目前，基于人工智能的泄漏检测与定位的方法尚处于试验阶段，还有许多问题有待于解决。

（2）统计检漏法

此方法不用管道模型，根据管道出入口的流量和压力，连续计算压力和流量之间关系的变化。无泄漏发生，仅管网工况变化时，流量和压力之间的关系不会发生变化；当泄漏发生时，流量和压力之间的关系总会变化。应用序列概率比方法和模式识别技术，可检测识别到这种变化。应用该方法时，检漏门限值的选取是关键，它直接影响泄漏检测的灵敏度和系统的误报率。利用 SCADA 系统对采集来的数据进行少量的计算，通过文献[42]所述相关公式就能进行检漏和定位。该方法不受地形、周围温度的变化和测量误差的影响，具有较高灵敏度和检测精度。但由于受管网区段的影响，流体状态系数难以准确界定，因而定位精度不高。

新的管道泄漏检测方法还在不断被提出，目的都是实现对油气管道及管网运行的安全监测，以最大限度地减少经济损失，避免造成环境污染和安全隐患，提高生产效率。

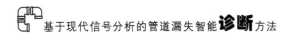

1.4 泄漏检测方法的评价指标

为保证油气输送管道的安全性,降低事故危害,需要比较评价各种泄漏检测方法的优劣,供选择参考。通常主要考虑如下指标。

(1)泄漏检测的灵敏度:指泄漏检测系统对小的泄漏信号的检测能力。

(2)定位能力:能否对泄漏点精确定位。

(3)泄漏检测的及时性:指检测系统在尽可能短的时间内检测到泄漏发生的能力。

(4)泄漏的误报率和漏报率:误报率是指系统没有发生泄漏时却被错误地判定出现了泄漏的发生率,漏报率是指系统出现了泄漏却没有被检测出来的发生率。

(5)鲁棒性:指泄漏诊断系统在存在噪声、干扰、建模误差等情况下正确完成泄漏诊断任务,同时保证满意的误报率和漏报率的能力。诊断系统鲁棒性越强,可靠性就越高。当然鲁棒性能也是最难度量和最难保证的性能指标之一。

(6)自适应能力:故障系统对于不断变化的被诊断系统具有自适应能力,并且能不断扩展由于新情况、新问题以及新信息产生的系统范围。在基于智能识别模型的故障诊断系统中,其自适应性能还反映在实时监测的过程中能随时跟踪系统变化产生的新信息。

(7)维护要求:系统的使用和维护是否简便。

(8)适应范围:系统是否适用于原油管道、成品油管道和输气管道。

(9)费用:系统的固定投资和维护费用。

根据上述指标评价体系,对目前常用管道泄漏检测方法进行了综合评价,表1-1给出了常用方法大致的比较,对油气管线泄漏检测方法的选择有一定的指导意义。

表 1-1　泄漏检测方法比较

检测法	敏感性	定位精度	评估能力	响应时间	适应能力	能否连续监测	误报警率	使用维护要求	费用
直接巡线法	好	好	强	不确定	能	不能	低	中等	高
检漏电缆法	最好	最好	强	不确定	能	不能	低	中等	高
流量/压力变化分析法	差	差	弱	较快	不能	能	高	低	低
质量/体积平衡法	差	差	弱	较快	不能	能	高	低	低
实时模型法	较好	较好	较强	较快	能	能	较高	高	高
压力点分析法	较好	差	弱	较快	不能	能	高	中等	中等
压力梯度法	较好	一般	弱	较快	较差	能	中等	低	中等
统计检漏法	较好	较好	较强	中等	能	能	较低	较低	较低
光学检测法	较好	较好	弱	不确定	能	不能	中等	高	高
声学传感检测	较好	较好	弱	较快	不能	能	高	中等	中等
负压波检测法	较好	较好	弱	快	不能	能	高	中等	中等

从表 1-1 对比分析中可以看出,硬件方法的优点是灵敏度高、响应快、定位精度高、抗干扰能力强、有较快的检测速度,缺点是难以对管道进行连续检测。软件方法能连续监测管道,易于维护而且安装费用不高,但不能准确估计泄漏位置,对有操作变化的管线不适用,抗干扰能力弱。每种方法都有自己的优缺点,目前还没有一种方法的各项指标可以满足不同管道泄漏检测的要求。因此,可根据不同管道的实际情况,选择一个比较合适的泄漏检测方法,或者适当选择其中的几种检测方法联合使用,有的作为主要检测手段,有的作为辅助检测手段,互相弥补不足,则可以取得良好的检测效果。

第2章 管道漏失诊断原理及关键技术

2.1 管道漏失特点

管道发生泄漏时会产生沿管道上下游方向传播的水击波,并且能在管道系统的边界点处(如泵出口、阀门下游储罐以及泄漏孔处等)发生反射得以继续传播。由于沿程摩阻和管线充装作用,水击波在传播过程中会不断衰减,管道从发生瞬变过渡到新稳态的过程就是水击波传播、反射、叠加、衰减的过程。

2.1.1 水击现象产生

当流体流动时,会从一个稳定流状态过渡到另一个稳定流状态,其中间状态为非稳定流,也称之为过渡流或者瞬变流状态。实际流体输运过程中各点的流速和压强的平均值保持不变或变化很小,认为液流基本上处于稳定流状态。当液流的稳定状态受到破坏、压力发生很大波动时,称为发生水击或油击。

水击实际上是一种能量转换,即液体在减速的情况下,将其动能转换为压能;在液流加速情况下,压能转换为动能。水击现象在管道运行中是很常见的,如突然关阀、停泵,以及泄漏都会产生水击现象。

2.1.2 水击波的传播过程

1.水击波传播第一阶段——管中增压波从阀门向管道进口传播阶段

如图 2-1(a)所示。设阀门在 $T=0$ 时突然全部关闭。此时,紧靠阀门的一层液体在很短时间内,首先停止流动,速度由 v_0 降为零,产生的水击增压

Δp，使该层液体受压缩，密度增加，而管壁发生膨胀。此后，"第二层"液体相继停止流动，同时压力升高，液体受压缩，使密度增加，管壁膨胀。这样，由于液体停止流动而形成的高低压分界面，依次向上游传播。传播的速度为 a，实际上近于液体中的声速。

当阀门关闭后 $T_1 = L/a$ 时刻，压力波面传到了管道入口处。这时全管内液体都已停止流动，液体处于被压缩状态，压强增高了 Δp，密度增加，管壁膨胀。

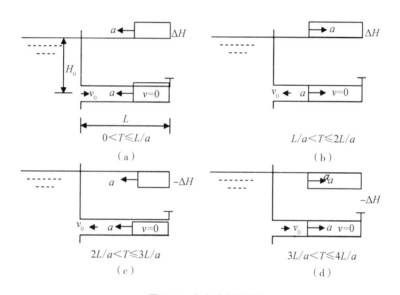

图 2-1 水击传播过程

2.水击波传播第二阶段——管中减（负）压波向下游传播阶段

如图 2-1（b）所示，在 $T_1 = L/a$ 时刻，压力波传到了管道入口，由于管道中的压力高于水池中液体压力，所以紧靠水池的一层液体将以速度 v_0 开始向水池流动，而使水击压力消失，压力恢复正常，液体的密度和管壁也恢复原状。从此刻开始，管中的液体高低压分界面又将以速度 a 自水池向阀门传播，直到 $T_2 = 2L/a$ 时刻，高低压分界面又传到了阀门处，这时全管道内液体压力和体积都已恢复原状，而且液体以 $-v_0$ 的流速向水池方向流动。

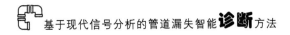

3.水击波传播第三阶段——减(负)压波向上游传播阶段

如图 2-1(c)所示,在 $T_2 = 2L/a$ 时刻,全管道恢复正常,但因液流的惯性作用,紧邻阀门的一层液体仍然企图以速度 v_0 向水池方向流动,而后面又没有液体补充,使靠近阀门的微小流段内的液体发生膨胀,因而该段的压力下降 Δp,进而使压力加倍膨胀,管子处于收缩状态。同样,"第二层""第三层"液体依次膨胀,形成的减压波波面仍以速度 a 向水池方向传播。$T_3 = 3L/a$ 时刻,减压波面传到了管子入口处,这时全管道内液流流速为零,压力降低了 Δp,液体膨胀,管子收缩。

4.水击波传播第四阶段——增压波向下游传播阶段

如图 2-1(d)所示,在 $T_3 = 3L/a$ 时刻,减压波面传到了管道入口处,由于管道中的压力比水池液面静压低 Δp,因而液体又以速度 v_0 向管道中流动,使紧邻管道入口处的一层液体压力恢复正常,液体密度和管道也恢复正常。这种情况又依次以速度 a 向阀门传播,直到 $T_4 = 4L/a$ 时刻,减压波面传到了阀门外,这时液体以 v_0 的流速向阀门方向流动。

在 $T_4 = 4L/a$ 时刻,全管内的压力正常,但仍有一个向下游的流速 v_0,呈现出开始关阀门瞬时同样的状态。这时,同样会由于液流的惯性作用而产生一个增压波 Δp,从此又开始了压力传播的第二个循环。如果没有水流摩擦及由管壁和液体的变形所产生的能量损失,这种水击现象将会反复持续下去。

但实际上,由于在传播过程中伴随有水力阻力和管壁变形,发生能量消耗,使水击压力逐渐减少,延续一段时间后,会逐渐消失。

2.2 管道漏失诊断基本原理

当管道发生泄漏时,泄漏点处由于管道内外的压差,流体迅速流失,泄漏点处压力下降,密度减小,紧邻泄漏点处的"第一层"液体向泄漏区填充,密度减小,压力降低,又使"第二层"液体从上下游两个方向向泄漏区流动,重复这个过程,就会产生一个瞬态负压波分别向上下游传播。负压波定位法是根据泄漏产生的瞬态压力波传播到上下游的时间差和管内压力波的传播速度计算出泄漏点的位置。一般压力波在液体中传播速度为 $900 \sim 1\,200$ m/s,只要管道两端的压力传感器能够准确地捕捉到包含泄漏信息的负压波,就可以检测出泄漏,并根据负压波传播到两端的时间差和压力波的传播速度进行定位,因而该方法具有很快的响应速度和较高的定位精度。图 2-2 为负压波诊断原理图。

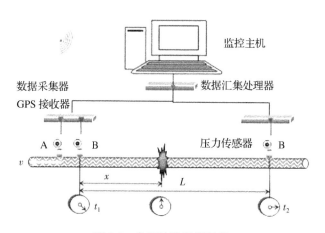

图 2-2　负压波诊断原理图

设首、末两端传感器接收到负压波的时间分别为 t_1,t_2,负压波的传播速度为 a,管道内流体流动速度为 u,管道总长度为 L,则泄漏点距离首端的距离 x 可表示为

$$x = \frac{(a^2 - u^2)(t_1 - t_2) + L(a - u)}{2a} \qquad (2\text{-}1)$$

由于负压波传播速度比管道流体流速要大三个数量级,因而通常情况下可以忽略流体流动速度,上式便简化为

$$x = \frac{L + a(t_1 - t_2)}{2a} \qquad (2\text{-}2)$$

其中,负压波的传播速度 a 取决于液体的弹性、密度和管材的弹性等因素。

2.3 管道漏失诊断关键技术

2.3.1 同步采集

同步采集通常是在一条输送管道的两端各装有一个数据采集系统,在发生泄漏时,要确定泄漏点的位置,需要将管道两端首、末站的数据综合来分析。根据上述定位公式,用于分析的这一段数据的起始点(时间)必须是对应的,否则压力信号序列的特征拐点判断得再准确也会因起始时刻差带来错误的时间差,定位结果的误差自然就会增大。保持管道首末段数据采集的同步性是对管道进行准确定位的前提条件,因此,同步采集也是管道漏失诊断的关键技术之一。

随着全球定位系统(GPS)的快速发展和广泛运用,采用 GPS 来统一各站工控机的系统时钟可以满足泄漏监测系统统一时间标准的要求,其实施也很方便,且造价低廉。在泄漏监测系统中使用到的是 GPS 的精确授时功能,其原理是利用 GPS 同步误差不超过 1 μs 的秒脉冲前沿对分布式数据采集系统同步触发采集,使各站点的数据具有精确的时间起点。人为设定同步时间间隔可消除由于系统运行时间增长所带来的累计时间误差。泄漏发生时,在获得相邻站点所记录负压波前沿的时间标签后,通过泄漏点定位公式,即可定位泄漏点。近年来,北斗导航卫星开始民用,我国逐步摆脱对 GPS 的依赖。

2.3.2 降噪及特征提取

管道在正常运行过程中,由于现场环境影响,采集到的参数信号中不可避免含有较强的噪声信号。在这种高噪声而运行参数又较小情况下,故障特征往往表现得很微弱,甚至可能完全被噪声淹没。如不采取有效的微弱信号检测方法,很难从原始信号中得到有用的参数信号,从而更难以提取泄漏特征信息。

微弱信号通常是指幅度极微小的信号或者被噪声淹没的信号,在弱信号检测领域中,需要采用一定信号处理方法,用来发现信号中微小的异常变化,实现在强噪声污染情况下弱信号的提取。随着现代信号处理技术的发展以及硬件条件的不断提升,针对微弱信号的处理越来越有针对性,且效果也在不断提高。

　　由于不可避免的工业现场的电磁干扰、输油泵的振动等因素的存在,采集到的压力波形序列附加着大量的工业干扰,如何从干扰中准确地分离出信号的特征拐点也是难点之一。

2.3.3　管道泄漏识别

　　通常,引起管道参数信号波动的原因有很多,可能是由泄漏造成,也可能是由调泵、调阀或其他工况造成,一般来说,后者是主要原因。有时调泵调阀等正常工艺操作引起的压力波动与管道泄漏产生的波动极为相似,如图 2-3 所示。因此,管道泄漏诊断的难点很大程度上在于如何准确地将这几类波动区分开来。因此,管道泄漏特征的辨识是管道漏失诊断的重要环节。

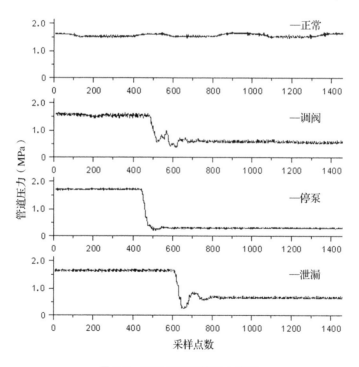

图 2-3　不同工况下的压力波形

2.3.4　泄漏点的定位

　　管道在发生泄漏时,泄漏点产生的负压波会沿管段传递到各个端点,因此,当泄漏管段被正确识别后,便可以利用该管段的端点检测到的泄漏时刻与其他任何一个端点检测到的泄漏时刻进行漏点定位。

　　从管道定位公式可知,要实现精确定位一方面需要得到精确的时间差Δt,另一方面也需要获取负压波传播速度。由于受压力传感器本身的测量精度和灵敏度限制,在负压力波经较远距离到达管道两端的检测点时,会发生衰减,甚至消失,对一些微小的泄漏不能做出准确的判断。

　　由于泄漏信号的传播与介质的弹性模量、密度、内耗以及形状大小等物理特性以及管道的材料及弹性模量、管道内壁光滑度、管道长度、上下游的运行压力和运行温度等有关,因此定位时有必要对负压波波速进行实时修正,并及时更新系统中与压力波速有关的各个参数,从而提高泄漏定位精度。

2.3.5　信息传输

　　数据采集精度是影响泄漏点定位精度的重要因素之一。现有的 SCADA 系统提供了远程泄漏诊断的网络平台,但由于其监测点数量多,并且兼有参数控制、实时数据库更新与访问等功能,因此,无串扰采样频率一般为 0.5～2 Hz 来实现对管道系统工艺过程的压力、温度、流量、密度、设备运行状态等信息的采集,完成对管道全线的监控及运行管理。然而,管道系统的工况发生变化时,瞬变过程信息(压力、流量、密度、泵转速、阀门开度等)中包含了大量的反映管道系统状态变化的信息,过低的采样率,必然遗漏重要的特征信息,为了更加准确地获取瞬变过程信息,必须提高数据采集精度。

第 3 章　基于现代信号分析的
管道漏失信号预处理

通常,流体管道发生泄漏时,在泄漏点处,管内流体从管内向管外快速流出,由于流体工质的连续性,在管道中的流体流速不会在瞬间发生变化。流体在泄漏处及其周围领域间产生的压力差会导致管内其余流体从管两侧向泄漏处进行填补,进而促使泄漏处周围工质的密度降低、压力下降,通常称这种波动为"负压波"。严格来讲,不管是液体管道,还是气体管道,发生泄漏时均会产生负压波,这种波动特征在液体管道里表现得较为明显,因而基于负压波的诊断方法在石油、供水等液体管道中应用广泛。

在对负压波泄漏特征进行识别前,需要对信号进行预处理,因为实际管线中采集到的压力信号中混杂有大量的噪声和各种外界因素造成的干扰,噪声和干扰信号的幅度甚至可以将泄漏引发的有用信号淹没。如果不能对原始压力信号进行有效的滤波,去除干扰噪声,那么再好的泄漏检测方法也将失效。因此,有效的信号预处理技术是管道泄漏检测和定位方法的关键。本章研究了小波变换自适应滤波、变分模态分解、小波熵、模糊聚类、随机森林等预处理方法,为管道漏失信号识别奠定基础。

3.1　管道泄漏微弱信号消噪与特征提取

3.1.1　管道泄漏微弱信号特征

当管道泄漏孔较小或管内液体压强并不高时,泄漏造成的压力波动并不明显,根据实验测得,管径为 $\varnothing 250\text{mm} \times 6\text{mm}$ 的管道,泄漏孔直径为 5 cm 左右时,最大泄漏量应为管道自身流量的 4%~5%左右,属小泄漏(认为泄漏量小于 5%的泄漏为小泄漏事件)。而在现场实验中发现:泄漏发生时,压力波动幅值一般只有压力最大幅值的 1%~10%,泄漏量为管道自身流量的1%~5%。而且,由于环境因素以及现场各种设备振动、电磁干扰等外界因素造成的干扰,实际管线中采集到的压力信号中混杂有大量的工业噪声。噪声产生的干扰信号极有可能将小泄漏引发的有用信号淹没。在对管道是否发生泄漏进行诊断前,必须采取有效的降噪和微弱信号检测方法以实现小泄漏微弱信号的提取。管道小泄漏产生的微弱信号一般具有瞬态低频特征,因此,本书将针对管道泄漏微弱信号的特点选用一种有效微弱信号检测方法以实现瞬变波动特征信号的提取。

3.1.2 基于小波变换的微弱信号消噪处理

1.小波变换消噪原理

小波分析是近 20 年来非常活跃的一种信号处理方法。它能够在时间-频率域联合分析信号的特征,具有对噪声不敏感、能分析信号的任意细节等特点,被誉为"数学的显微镜"。

一个能量有限信号 $f \in L^2(\mathbf{R})$ 的连续小波变换定义为:

$$\mathrm{CWT}(a,b) = \int_{-\infty}^{+\infty} f(t)\overline{\Psi_{a,b}(t)}\mathrm{d}t \qquad (3\text{-}1)$$

式中,$\Psi_{a,b}(t) = |a|^{-1/2}\Psi\left(\dfrac{t-b}{a}\right)$,$a,b \in \mathbf{R}$ 且 $a \neq 0$,其逆小波变换为($C_\Psi = \int_{\mathbf{R}}|\Psi(\omega)|^2/|\omega|\mathrm{d}\omega < \infty$)为

$$f(t) = C_\Psi^{-1}\int_0^{+\infty}\int_{-\infty}^{+\infty}\Psi_{a,b}(t)\cdot\mathrm{CWT}_{a,b}\frac{\mathrm{d}a\,\mathrm{d}b}{a^2} \qquad (3\text{-}2)$$

通常,尺度参数 a 和平移参数 b 的离散化公式分别取 $a = a_0^j$ 和 $b = ka_0^j b_0$。对应的离散小波 $\Psi_{j,k}(t)$ 为

$$\Psi_{j,k}(t) = a_0^{-j/2}\Psi(a_0^{-j}t - kb_0) \qquad (3\text{-}3)$$

而离散化的小波系数可表示为

$$c_{j,k} = \int_{\mathbf{R}} x(t)\overline{\Psi_{j,k}(t)}\mathrm{d}t = \langle x, \Psi_{j,k}\rangle \qquad (3\text{-}4)$$

将以上两公式代入式(3-2),得到实际数值计算时使用的重构公式:

$$x(t) = c \sum_{j=-\infty}^{+\infty} \sum_{j=-\infty}^{+\infty} c_{j,k} \Psi_{j,k}(t) \tag{3-5}$$

多尺度分析的基本思想是将待处理的信号在不同的尺度上进行分解,分解到粗尺度上的信号称为平滑信号;在细尺度上存在,而在粗尺度上消失的信号称为细节信号,小波变换是连接不同尺度上信号的纽带。

在某尺度 i 上,对给定的信号序列 $x(i,k) \in V_i \subset l^2(\mathbf{Z}),(k \in \mathbf{Z})$,通过一个脉冲响应为 $h(k)$ 的低通滤波器可以获得粗尺度上的平滑信号 $x_c(i-1,k) \in V_{i-1}$,则

$$x_c(i-1,l) = \sum_k h(2l-k)x(i,k) \tag{3-6}$$

信号 $x(i,k)$ 在低通滤波器中丢失的细节信号可以再由 $x(i,k)$ 通过另一个脉冲响应为 $g(k)$ 的高通滤波器得到 $x_d(i-1,l) \in W_{i-1}$:

$$x_d(i-1,l) = \sum_k g(2l-k)x(i,k) \tag{3-7}$$

原信号 $x(i,k)$ 在滤波器 $h(k)$ 和 $g(k)$ 满足正则约束和

$$\sum_{k,l} [h(2k-j)h(2k-l) + g(2k-j)g(2k-l)] = \delta_{j,l} \tag{3-8}$$

条件下,可由 $x_c(i-1,k)$ 和 $x_d(i-1,k)$ 完全重构:

$$x(i,k) = \sum_l h(2l-k)x_c(i-1,l) + \sum_l g(2l-k)x_d(i-1,l) \tag{3-9}$$

因此,式(3-6)和(3-7)可以看作对信号进行小波变换的分解形式,而式(3-9)则是对信号进行小波逆变换;小波滤波的思想就是对细节系数按照某种规则进行处理,弱化噪声,从而达到消噪的目的。

从上述原理可知,小波变换是一种信号的时间-尺度分析方法,具有多分辨率分析的特点。它在时频两域都具有表征信号局部特性的能力,是一种窗口大小可以改变,即时间窗和频率窗都可以改变的时频局部化分析方法,在低频部分具有较高的频率分辨率和较低的时间分辨率,而在高频部分具有较高的时间分辨率和较低的频率分辨率,能有效地区分信号中的突变部分和噪声,从而实现信号的消噪。

2.管道小泄漏微弱信号分析

图 3-1(a)和图 3-2(a)是实验中分别采集到的管道发生小泄漏后的上游

出口和下游入口压力参数的原始信号图。从图中可以看出,直接采集到的压力信号包含较多的高频背景噪声和随机尖峰脉冲干扰,如果不加以滤波处理,检测系统可能无法正确识别泄漏特征点或者将某些尖峰噪声识别为泄漏特征,从而导致对泄漏事故的漏报或误报。因此,对信号进行处理的第一步是要对采集到的原始信号进行有效的滤波。

3.消噪实例

首先应该检测并剔除原始压力信号中所包含的粗大误差、累进性系统误差和周期性系统误差,以粗略获得管道实际的压力信号。笔者采用统计方法消除采集信号中存在的尖峰干扰,实现了负压波信号的预滤波,如图 3-1 和图 3-2 中(b)所示。

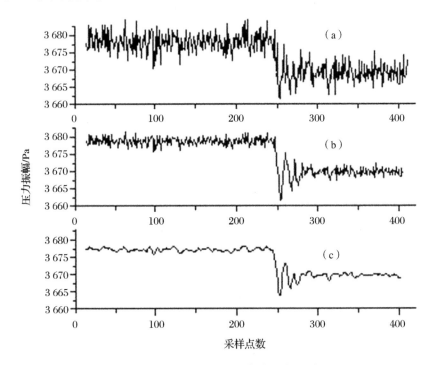

图 3-1 管道泄漏原始信号及滤波后信号(出口)

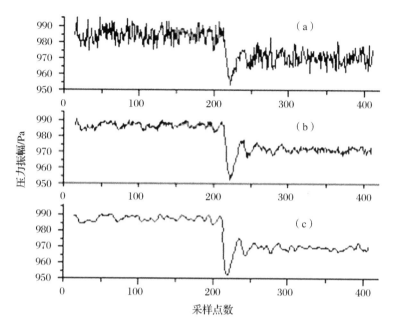

图 3-2　管道泄漏原始信号及滤波后信号(入口)

通常,检测到的信号由确定性信号和随机噪声叠加而成,其小波变换是两部分信号的小波变换之和。其中确定性信号边沿对应的小波变换的极值随着尺度的增大而增大或缓慢衰减;噪声信号小波变换的极值将随着尺度的增大而迅速衰减。所以,在大尺度下,检测信号的小波变换中的极值点主要属于确定性信号的边沿,因而可以准确提取确定性信号的边沿,即负压波拐点。小波分析具有对信号的自适应性,当混杂在压力信号中的噪声或干扰信号呈现时变特性时,采用自适应的滤波算法较之固定参数的滤波器有着更好的滤波效果。原始信号采样点 220 附近有小的压力波动,但噪声水平和负压波水平相近,波形几乎被淹没。图 3-1,图 3-2(c)所示为进行了自适应滤波后的负压波信号波形,与图 3-1,图 3-2(a)对比分析可以看出,降噪处理后的信号泄漏曲线变得光滑、清晰,既保留了波形的奇异拐点信息,又保留了峰值相位。

上述经处理后的结果表明,基于小波变换的消噪方法使得滤波后信号的信噪比得到提高,取得了很好的滤波效果,不仅去除了管道运行过程中非平稳随机噪声,而且保留了完整的负压波特征信息,也突出了负压波拐点幅值和位置,为泄漏波形的特征提取和泄漏状态库的建立打下了良好的基础。

3.1.3 基于小波包的信号特征向量提取

1.小波包特征提取原理

应用多分辨率分析以及小波包分析技术,可以把信号分解在任意精度的不同的频带内。对这些频带内的信号进行分析,称为频带分析技术。通常根据感兴趣的信号频率范围,把信号在一定尺度上进行分解,从而提取相应频带的信息。对各频带内的信号进行统计分析,形成反映信号特征的特征向量。若分析对象是各频带内的信号能量,则称之为频带的能量分析。

离散信号按小波包基展开时,包含低通滤波与高通滤波两部分,每一次分解就将上层 $j+1$ 的第 n 个频带进一步分割变细为下层 j 的第 $2n$ 与 $2n+1$ 两个子频带。离散信号的小波包分解算法为

$$\begin{cases} d_l(j,2n) = \sum_k a_{k-2l} d_k(j+1,n) \\ d_l(j,2n+1) = \sum_k b_{k-2l} d_k(j+1,n) \end{cases} \tag{3-10}$$

式中, a_k , b_k 为小波分解共轭滤波器系数。

由 Parseval 恒等式知 $\int_{-\infty}^{\infty} |f(x)|^2 \mathrm{d}x = \sum |d(j,k)|^2$ 。由此可知,小波包变换系数 $d(j,k)$ 的平方具有能量的量纲,可用于机械故障诊断的能量特征提取。假设离散信号按最优小波包分解后可得到 M 个正交的频带,各频带的能量为

$$E_i = \sum_{k=1}^{N} |d(i,k)|^2 \tag{3-11}$$

式中, $i < M$, N_i 为第 i 个子频段的数据长度,且 $k < N_i$ 。

离散信号的能量均方根 $E_r = \sqrt{\sum_{i=1}^{M} E_i^2}$,则能量特征向量 $\boldsymbol{T} = \frac{1}{E_r}[E_1,E_2,\cdots,E_M]$ 。

2.管道压力波形特征向量提取

管道泄漏和不同工况压力波动信号含有不同的丰富信息,当流型改变

时,相同频带内信号的能量会有较大的差别使某些频带内的信号能量减小,而使另外一些频带内信号能量增大。因此,在各频率成分信号能量中包含了丰富的流型信息,某种或某几种频率成分能量的改变即代表了一种流型向另一种流型的转变。

通过实验方法,对不同工况下压力信号进行小波消噪处理后分别提取特征向量,如图 3-3 所示,从特征向量图可以看出,不同工况下的压力波动对应着不同的特征向量。通过对大量的实际管道进行模拟实验分析,对于管道运行状态的每一个模式类别都分别建立一个标准模式与之对应,包括正常工作状态和各种故障状态。通过模拟实验或现实数据得到的标准压力波形模式集合形成的模式空间,构成管线各种状态波形模式库,结合神经网络的自学习和识别能力就可对压力管道的各种故障进行自动诊断分析,以提高对管道运行的监测能力。

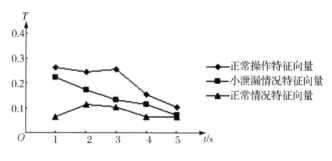

图 3-3　不同工况下压力信号特征向量

3.1.4　小结

通过小波变换和小波包对管道小泄漏微弱信号处理的结果表明:小波变换方法可以根据信号和噪声的不同特性进行非线性自适应滤波,在改善信噪比的同时,具有很高的时间(位置)分辨率,而且对信号的形式不敏感。同时,利用小波包精细频分技术,可以对信号的频带进行细分,并且从频带的能量角度建立管道运行状态的特征向量,对管道运行状态进行实时监测;另外,所提取的特征向量还可以作为神经网络的输入样本,以提高对管道泄漏的检测精度。

3.2　基于变分模态分解的负压波信号降噪

3.2.1　变分模态分解的原理

VMD(variational mode decomposition)是一种自适应、完全非递归的模态变分和信号处理的方法。该技术具有可以确定模态分解个数的优点,其自适应性表现在根据实际情况确定所给序列的模态分解个数,随后的搜索和求解过程中可以自适应地匹配每种模态的最佳中心频率和有限带宽,并且可以实现固有模态分量(IMF)的有效分离、信号的频域划分,进而得到给定信号的有效分解成分,最终获得变分问题的最优解。它克服了 EMD 方法存在端点效应和模态分量混叠的问题,并且具有更坚实的数学理论基础,可以降低复杂度高和非线性强的时间序列非平稳性,分解获得包含多个不同频率尺度且相对平稳的子序列,适用于非平稳性的序列,VMD 的核心思想是构建和求解变分问题。

一般来说,信号可以以频率的是否叠加分为两种——单分量信号和多分量信号。在时间序列的任意时间点对应的只有一个频率的信号称为单分量信号,其频率即该序列的瞬时频率。而在时间序列的任意时间点对应多个频率叠加的信号称为多分量信号,其频率没有实际的物理含义。Ville 在 20 世纪 50 年代末对瞬时频率做出了总结,并将瞬时频率定义为对时间序列信号的瞬时相位的导数,具体公式如下。

时间序列信号 $x(t)$ 的解析信号 $z(t)$ 可用下式表示:

$$z(t) = x(t) + j\hat{x}(t) \tag{3-12}$$

其瞬时幅值随时间变化:

$$A(t) = \sqrt{x^2(t) + \hat{x}^2(t)} \tag{3-13}$$

其瞬时相位随时间变化:

$$\theta(t) = \arctan\left[\frac{\hat{x}(t)}{x(t)}\right] \tag{3-14}$$

将上式采用希尔伯特变换后,复解析信号的虚部就可以确定。这时就可以整

理出 Vilie 对瞬时频率的定义:

$$f(t) = \frac{1}{2\pi} \frac{\mathrm{d}\theta(t)}{\mathrm{d}t} \tag{3-15}$$

由于上式是个单值函数,进而在对瞬时频率进行解析时,要确保约束相应输入的范围,使它仅符合单频率分量的信号。但是由于实际情况千差万别,单频率分量信号与多频率分量信号是非常容易混淆的,所以窄带信号被引用进信号尺度的选取。

在一定时间内,符合高斯稳态的信号,其通过零点的元素数量与极值点元素数量就可以描述为

$$\left. \begin{aligned} n_0 &= \frac{1}{\pi} \left(\frac{m_2}{m_1} \right)^{\frac{1}{2}} \\ n_1 &= \frac{1}{\pi} \left(\frac{m_4}{m_2} \right)^{\frac{1}{2}} \end{aligned} \right\} \tag{3-16}$$

其中 m_i 为谱的 i 阶矩。于是信号的带宽 v 可用下式求出:

$$n_1^2 - n_0^2 = \frac{1}{\pi^2} \frac{m_4 m_0 - m_2^2}{m_2 m_0} = \frac{1}{\pi^2} v^2 \tag{3-17}$$

对于带宽为零的窄带信号,极点数量与零点数量的是相同的。

在 VMD 的分解过程中,IMF 函数被定义为一个 AM-FM 信号,其表达式为

$$u_k(t) = A_k(t)\cos(\varphi_k(t)) \tag{3-18}$$

其中:$A_k(t)$ ——各模态 $u_k(t)$ 的瞬间幅值;

$\omega_k(t)$ ——各模态 $u_k(t)$ 的瞬时频率。

$$\omega_k(t) = \varphi_k(t) = \frac{\mathrm{d}\varphi(t)}{\mathrm{d}t} \tag{3-19}$$

$A_k(t)$ 和 $\omega_k(t)$ 与相位 $\varphi_k(t)$ 变化对比是缓速变化的,即在 $[t-\delta, t+\delta]$ 的时间变化内(其中 $\delta = 2\pi/\varphi_k(t)$),$u_k(t)$ 可以被视为一个幅值为 $A_k(t)$、频率为 $\omega_k(t)$ 的复合信号。

1.如何构造变分信号

变分模态分解建模的核心思路为:在所有 IMF 函数叠加之和与原始输入信号等同的约束条件下,求得 k 个 IMF 分量 $u_k(t)$,使各个 IMF 分量的带

宽有限且总和最小。算法建立模型步骤如下。

(1)通过希尔伯特变换可以得到各个本征模态函数分量所对应的解析信号,并分别求得单边频谱:

$$\left[\delta(t)+\frac{j}{\pi t}\right]*u_k(t) \tag{3-20}$$

(2)向公式中引入虚指数来平衡各本征模态函数的中心频率,使各个IMF函数被调制到合适的基础频率带上。

$$\left[\left(\delta(t)+\frac{j}{\pi t}\right)*u_k(t)\right]e^{-j\omega kt} \tag{3-21}$$

(3)这时就可以对上式的信号做范数运算,进而得出各个IMF函数的信号带宽。假设初始设定样本信号 $x(t)$ 的模态分解个数为 K,则约束变分问题的模型可用下式表示:

$$\min_{\{u_k,\omega_k\}}\left\{\sum_k\left\|\partial_t\left[\left(\sigma(t)+\frac{j}{\pi t}\right)*u_k(t)\right]e^{-j\omega kt}\right\|_2^2\right\} \tag{3-22}$$
$$\text{s.t.}\sum_k u_k=x(t)$$

式中:$\{u_k\}=\{u_1,\cdots,u_k\}$——分解所得的 IMF 分量;

$\{\omega_k\}=\{\omega_1,\cdots,\omega_k\}$——各模态分量的频率密度中心。

2.变分问题的求解

(1)为了使这个约束的模型得出最优解,变分模态分解加入了二次惩罚参数 α 以及拉格朗日乘子 $\lambda(t)$。这两个概念的引入使得该约束求解转化为非约束求解。二次惩罚参数 α 的作用是提升重构信号的信噪比,而拉格朗日乘子 $\lambda(t)$ 可以增加算式中的约束。延伸的拉格朗日公式可以描述为

$$L(\{u_k\},\{\omega_k\},\lambda)=\alpha\sum_k\left\|\partial_t\left[\left(\sigma(t)+\frac{j}{\pi t}\right)*u_k(t)\right]\right\|_2^2$$
$$+\left\|x(t)-\sum_k u_k(t)\right\|_2^2+\langle\lambda(t),x(t)-\sum_k u_k(t)\rangle$$

$$\tag{3-23}$$

式中:α——二次惩罚因子;

λ——拉格朗日算子。

（2）变分模态分解方法在解决上面的求解问题时引用了乘法算子交替方向的方法，依次轮换更新 u_k^{n+1}，ω_k^{n+1}，λ_k^{n+1} 来迭代出扩展拉格朗日公式空间的鞍点。其中的 u_k^{n+1} 取值问题可以由下式求得：

$$u_k^{n+1} = \underset{u_k \in X}{\arg\min}\left\{\alpha\left\|\partial_t\left[\left(\delta(t) + \frac{\mathrm{j}}{\pi t}\right) * u_k(t)\right]\mathrm{e}^{-\mathrm{j}\omega_k t}\right\|_2^2\right.$$

$$\left. + \left\|f(t) - \sum_i u_i\left(t + \frac{\lambda(t)}{2}\right)\right\|_2^2\right\} \tag{3-24}$$

其中：ω_k 等价于 ω_k^{n+1}；$\sum_i u_i(t)$ 等价于 $\sum_{i \neq k} u_i(t)^{n+1}$。

将上式等距变换从时域映射到频域：

$$\hat{u}_k^{n+1} = \underset{\hat{u}_k, u_k \in X}{\arg\min}\left\{\alpha\left\|\mathrm{j}\omega\left[(1 + \mathrm{sgn}(\omega + \omega_k))\right] \cdot \hat{u}(\omega + \omega_k)\right\|_2^2\right.$$

$$\left. + \left\|\hat{f}(\omega) - \sum_i \hat{u}_i(\omega) + \frac{\hat{\lambda}(\omega)}{2}\right\|_2^2\right\} \tag{3-25}$$

用 $\omega - \omega_k$ 替换首项的变量 ω：

$$\hat{u}_k^{n+1} = \underset{\hat{u}_k, u_k \in X}{\arg\min}\left\{\alpha\left\|\mathrm{j}(\omega - \omega_k)\left[(1 + \mathrm{sgn}(\omega))\hat{u}_k(\omega)\right]\right\|_2^2\right.$$

$$\left. + \left\|\hat{f}(\omega) - \sum_i \hat{u}_i(\omega) + \frac{\hat{\lambda}(\omega)}{2}\right\|_2^2\right\} \tag{3-26}$$

将上式变换为积分的形式：

$$\hat{u}_k^{n+1} = \underset{\hat{u}_k, u_k \in X}{\arg\min}\left\{\int_0^\infty 4\alpha(\omega - \omega_k)^2 \left|\hat{u}_k(\omega)\right|^2\right.$$

$$\left. + 2\left|\hat{f}(\omega) - \sum_i \hat{u}_i(\omega) + \frac{\hat{\lambda}(\omega)}{2}\right|^2 \mathrm{d}\omega\right\} \tag{3-27}$$

这样，该二次优化的求解就可以表示为

$$\hat{u}_k^{n+1}(\omega) = \frac{\hat{f}(\omega) - \sum_{i \neq k} \hat{u}_i(\omega) + \frac{\hat{\lambda}(\omega)}{2}}{1 + 2\alpha(\omega - \omega_k)^2} \tag{3-28}$$

依照相似的步骤，确定中心频率的方法就可以从时域转换到频域上：

$$\hat{u}_k^{n+1} = \underset{\omega_k}{\arg\min}\left\{\int_0^\infty (\omega - \omega_k)^2 \left|\hat{u}_k(\omega)\right|^2 \mathrm{d}\omega\right\} \tag{3-29}$$

各 IMF 中心频率的更新可根据下式求出：

$$\omega_k^{n+1} = \frac{\int_0^\infty \omega \, |\hat{u}_k(\omega)|^2 \, \mathrm{d}\omega}{\int_0^\infty |\hat{u}_k(\omega)|^2 \, \mathrm{d}\omega} \tag{3-30}$$

式中：ω_k^{n+1} ——当前本征模态函数频谱密度的中心；

$\hat{u}_k^{n+1}(\omega)$ —— $\hat{f}(\omega) - \sum_{i \neq k} \hat{u}_i(\omega)$ 的维纳滤波；

$\{\hat{u}_k(t)\}$ ——对 $\{\hat{u}_k(\omega)\}$ 做傅氏变换逆变换的实数部分。

3.2.2　基于 VMD 的管道负压波信号分解

本书在 Windows 10 操作系统下使用 MATLAB 2015b 作为模型建立软件。图 3-4 所示为 MATLAB 中的 VMD 模型部分代码。

```matlab
65    % VMD参数设置
66    alpha = 2000;          % 惩罚因子
67    tau = 0;               % 噪声耐受
68    K = 5;                 % 模式
69    DC = 0;                % no DC part imposed
70    init = 1;              % 初始化 omegas
71    tol = 1e-7;            % 总信号拟合误差允许程度
72
73    % VMD
74    [u5, u_hat, omega] = VMD(data, alpha, tau, K, DC, init, tol);
75    figure('color','w')
76    for i = 1:size(u5,1)
77        subplot(size(u5,1),2,i*2-1);
78        plot(t,u5(i,:),'k');grid on;
79        xlim([0 t(size(t,2))]);
80        xlabel('时间/s');ylabel1(['IMF',num2str(i)]);
81        subplot(size(u5,1),2,i*2);
82        plot(freqs, abs(fft(u5(i,:))),'k');grid on;xlim([0 fs/2])
83        xlabel('频率/Hz');ylabel(['IMF',num2str(i)]);
```

图 3-4　MATLAB 中 VMD 模型部分代码

将液体管道采集的泄漏负压波信号序列作为样本序列输入到 VMD 模型中。

将图 3-5 中的信号使用变分模态分解算法做分解，将分解模态数量参数 K 分别取 4,5,6,7。根据文献[46]考量，惩罚参数选用 500 至 3 000 较为合理，惩罚参数过小会导致模态混叠现象，而过大会使频谱带宽过窄，导致后续计算量大幅提升。取默认值 2 000,得到各个分解后本征模态函数的叠加图，如图 3-6 所示。

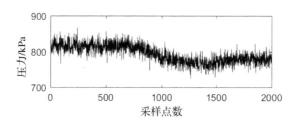

图 3-5　某城市供水管道泄漏采集信号

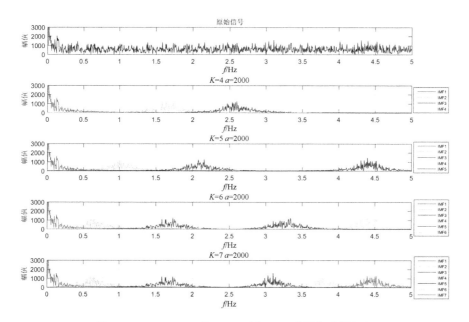

图 3-6　$a=2\,000$,K 取 4～7 时各 IMF 分量频谱叠加图

从图 3-6 中可以看出在模态数量 $K=4$ 时,0.5～1.2 Hz 内的带宽范围内,没有形成频谱,而在分解模态数量 $K=7$ 时产生了模态混叠现象。综合考虑分解模态数量为 5 和 6 的情况,分解程度相当,但 $K=5$ 时用时较短。所以采用 $K=5$、$a=2\,000$ 时 VMD 的分解。如图 3-7 所示。

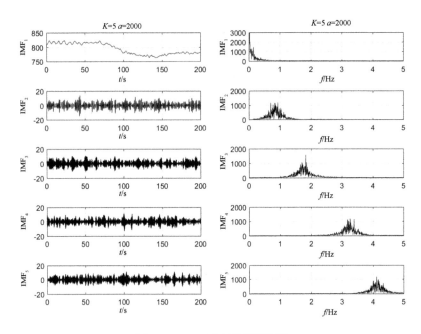

图 3-7 **K＝5** 时各分量时频图

从图 3-7 中可以看出源输入信号被分解为 5 个主要的频率中心。

3.2.3 基于样本熵的分解信号重构

最早用熵来描述热力学第二定律的是克劳修斯,他从"态函数"的角度出发,对热力学第二定律进行了一个定量的描述,描述了其中的不可逆过程。随着社会的发展,熵还被用来表述系统的整体状态,也就是在空间内分布的整体状况,熵值的大小代表着分布得均匀与否,熵值越大说明分布越均匀,熵值越小说明分布越不均匀。国内外的科研专家越来越关注近似熵和样本熵,这两种熵是用来描述时间序列的复杂度的。

1991 年 Pincus 在生物医学领域的相关研究过程中,弥补了信息熵中的 K-S 熵所存在的缺陷,进而提出了近似熵。刚开始时近似熵仅仅应用在生物医学领域,但是随着对它研究的更进一步,它被作为一种用于衡量复杂性的有效工具而得到很快的发展。虽然近似熵是由信息熵发展而来的,但是在算法和形式上面都已经发生了很大的变化,也不是之前的基于其他算法的一个

简单的融合,这和之前的很多在信息熵上发展而来的熵是不同的。近似熵主要有下面几个优点:

(1)与 K-S 熵的计算和一些描述复杂程度的非线性方法相比,进行近似熵的计算所需要的数据源不是很长。

(2)具有良好的抗噪声干扰能力,这主要是得益于本身的算法机理,在一定程度上,瞬态干扰信号会被近似熵过滤掉。

(3)近似熵应用比较广泛,可以应用到随机信号之中,也可以应用到确定信号之中,还可以应用到随机信号和确定信号混合的信号之中。

虽然近似熵有很多的优点,但是它也有缺点,它的计算模型是对数,根据对数函数本身的性质,对数函数的真数是不能为零和负数的,所以在定义中要对它进行修正,在修正的过程中会产生一定的偏差,从而导致了近似熵对复杂性的微小波动不是太敏感。针对存在偏差的这个问题,Richman 和 Moorman 提出了一种解决方法,那就是不用对数作为计算模型,而用样本熵。样本熵的作用也是表征时间序列复杂度,反映时间序列维数发生变化时产生新模式的概率,以及时间序列在模式上的自我相似度。样本熵的优点是不仅包含了近似熵的特点,而且不需要自身模板匹配,这样就解决了近似熵偏差的问题了。

根据上述分析,管道的负压波泄漏信号通常为时间序列,故可把样本熵用作反映其复杂性的指标。

1.样本熵基本原理

对于一个被采集的信号样本即时压力对于时间的序列 $\{x(i)\mid 1\leqslant i\leqslant N\}$,其信号的样本熵的计算步骤如下。

(1)首先设定序列的模式维数 m,构造一组 m 维向量 $\boldsymbol{X}(i)$

$$\boldsymbol{X}(i)=[x(i),x(i+1),\cdots,x(i+m-1)],\quad i=1,2,\cdots,N-m+1$$

$$(3\text{-}31)$$

(2)向量 $\boldsymbol{X}(i)$ 与 $\boldsymbol{X}(j)$ 之间的距离即为两者对应点的最大差值,用 $d[\boldsymbol{X}(i),\boldsymbol{X}(j)]$ 表示,则

$$d[\boldsymbol{X}(i),\boldsymbol{X}(j)]=\max_{k=0,\cdots,m-1}\{|x(i+k)-x(j+k)|\} \quad (3\text{-}32)$$

(3)定义相似容限 r 的临界值,记录小于 r 的距离 $d[\boldsymbol{X}(i),\boldsymbol{X}(j)]$ 的数目

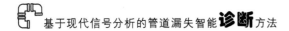

$\text{Num}\{d[\boldsymbol{X}(i),\boldsymbol{X}(j)<r]\}$,其与向量总个数 $N-m$ 之比记为 $B_i^m(r)$,即

$$B_i^m(r)=\frac{1}{N-m}\text{Num}\{d[\boldsymbol{X}(i),\boldsymbol{X}(j)]<r\},$$

$$i,j=1,2,\cdots,N-m+1\,(i\neq j) \tag{3-33}$$

并计 $B^m(r)$ 为 $B_i^m(r)$ 的均值:

$$B^m(r)=\frac{1}{N-m+1}\sum_{i=1}^{N-m+1}B_i^m(r) \tag{3-34}$$

(4)将其维度数递加,更新为 $m+1$ 维的向量,重复步骤(2)至步骤(3),可以得到:

$$B^{m+1}(r)=\frac{1}{N-m}\sum_{i=1}^{N-m}B_i^{m+1}(r) \tag{3-35}$$

(5)则此序列的样本熵为

$$\text{SampEn}(m,r)=\lim_{N\to\infty}\left[-\ln\frac{B^{m+1}(r)}{B^m(r)}\right] \tag{3-36}$$

当样本序列长度 N 为非无限时,根据上述流程计算得信号估计样本熵为

$$\text{SampEn}(m,r)=-\ln\frac{B^{m+1}(r)}{B^m(r)} \tag{3-37}$$

2.基于样本熵的信号重构

从上节样本熵的基本原理可以看出其中有两个重要的参数直接影响到样本熵特性的质量,因此如何确定这两个参数十分重要。但是从应用角度来讲,目前对两个参数的选定没有一个有理论依据的准则,在实际中通常是依照经验人为选取的。

相似容限 r 相当于惩罚因子,其作用在于对误差的容忍程度,在一段信噪比较低的复杂信号中,有效与无效的信息混杂在一起,合理的容限范围会使得特性统计稳定有效,经过大量的数据验证,$r=0.1\delta\sim0.25\delta$ 时其效果最佳。嵌入维度 m 的取值一般为1和2,因为随着其取值的增加,为取得较佳效果,r 值会随其增加,导致有效信息被忽略,并且输入数据也会随之增加。此外,数据的序列长度 N 也不宜取值过大,一般取 5 000 以下,其值过大会导致运算的时间复杂度迅速上升。

本书采用管道压力信号 $r=0.15\delta$ 及 $m=2$ 时的样本熵作为重构依据,输入元素数量选取 3 000 点。

为了筛选优质 IMF 分量,采用设定阈值的方法对其样本熵进行过滤。首先设定阈值 $\gamma = \left[\max(\mathrm{SampEn}(u_k)) - \min(\mathrm{SampEn}(u_k)) \right] / k$,若某一分解信号的样本熵大于等于这个阈值则表明其包含了较多的有效信息,反之亦然。

对图 3-7 中五个 IMF 信号分量分别计算其样本熵,结果如表 3-1 所示。

表 3-1 对五个 IMF 信号分别计算样本熵

分解信号	IMF_1	IMF_2	IMF_3	IMF_4	IMF_5
样本熵	0.865	0.361	0.214	0.183	0.192

按照预先设定好的阈值公式对筛选后的 IMF 分量进行重构,得到的重构信号与原始采集信号做对比(见图 3-8)。选取前两个 IMF 分量进行信号的重构。

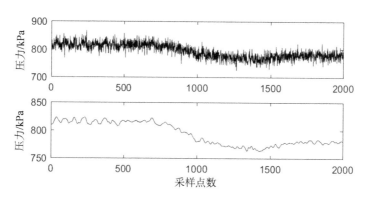

图 3-8 原始信号与重构信号

3.2.4 小结

本节介绍了变分模态分解的信号分解思路及步骤,并提出了一种基于变分模态分解和样本熵的城市供水管道负压波信号降噪方法,首先采用变分模态分解得到本征模态函数的样本熵,然后对其采用阈值筛选重构信号,从而实现原始信号与噪声的分离,以达到降噪效果。通过对供水管网的负压波信号进行分解重构降噪分析,根据分解后的本征模态函数中的样本熵筛选重构

可以有效地应用于管道泄漏诊断中。

3.3　管道泄漏信号的自适应滤波研究

在噪声不明或变化的情况下,往往需要通过多尺度对比分析后才能得到最佳滤波效果。本节提出一种采用小波变换和 Kalman 滤波相结合的自适应滤波方法,通过自动寻优寻找最佳尺度,以实现对有强噪声管道泄漏信号进行有效降噪处理。

3.3.1　Kalman 滤波及多尺度估值算法

Kalman 滤波是在最小均方误差原则条件下,从观测中估计出状态的过程。要对信号进行滤波首先要建立系统的状态方程及观测方程,然后再根据滤波方程组递推达到滤波的目的。传统的 Kalman 滤波,是在做了许多假设条件下获得的,诸如干扰噪声 $w(k)$ 和量测噪声 $v(k)$ 是零均值白噪声序列,且互不相关,而且与状态初值也互不相关等。显然,实际工程中,有些条件显得太苛刻,影响了滤波的收敛性和收敛速度。

为了描述算法,假设已得到某尺度 $i(0 \leqslant i \leqslant N)$ 上系统的状态方程和观测方程:

$$x(i,k+1) = A(i)x(i,k) + v(k) \quad (3\text{-}38)$$

$$z(i,k) = C(i)x(i,k) + v(i,k) \quad (3\text{-}39)$$

式中,$w(i,k) \sim N(0,Q(i,k))$,$v(i,k) \sim N(0,R(i,k))$,$E\{v(i,k)w^{\mathrm{T}}(i,k)\} = 0$。用小波变换将式(3-38)从尺度 i 分解到尺度 $i-1$,则

$$
\begin{aligned}
x(i-1,k-1) &= \sum_l h(l)x(i,2k-l-2) \\
&= \sum_l h(l)[A(i)x(i,2k-l+1) + w(i,2k-1+1)] \\
&= \sum_l h(l)A(i)[A(i)x(i,2k-1) + w(i,2k-1)] \\
&\quad + \sum_l h(l)w(i,2k-l+1)
\end{aligned}
$$

$$= A(i)A(i)\sum_{l}h(l)x(i,2k-l) + A(i)\sum_{l}h(l)w(i,2k-1)$$

$$+ \sum_{l}h(l)w(i,2k-l+1)$$

$$= A^{i}(i-1)x^{i}(i-1) + w^{i}(i-1,k)$$

即

$$x^{i}(i-1,k+1) = A^{i}(i-1)x^{i}(i-1,k) + w^{i}(i-1,k) \qquad (3\text{-}40)$$

式中：$A^{i}(i-1)=A^{2}(i)$；$x^{i}(i-1)=\sum_{l}h(l)x(i,2k-1)$；

$$w^{i}(i-1,k)=A(i)\sum_{l}h(l)w(i,2k-1) + \sum_{l}h(l)w(i,2k-l+1)。$$

同样，用小波变换将式(3-39)从尺度 i 分解到尺度 $i-1$，则

$$z^{i}(i-1,k) = \sum_{l}h(l)z(i,2k-l)$$

$$= \sum_{l}h(l)[C(i)x(i,2k-l) + v(i,2k-l)]$$

$$= C(i)\sum_{l}h(l)x(i,2k-l) + \sum_{0}^{l}h(l)v(i,2k-l)$$

$$= C^{i}(i-1)x^{i}(i-1) + v^{i}(i-1)$$

即

$$z^{i}(i-1,k) = C^{i}(i)x^{i}(i-1,k) + v^{i}(i-1,k) \qquad (3\text{-}41)$$

式中：$C^{i}(i-1)=C(i)$；

$$v^{i}(i-1,k)=\sum_{l}h(l)v(i,2k-1)。$$

经过以上推导证明，得到系统在尺度 i 上的状态方程和观测方程式(3-40)和(3-41)，然后分别用经典 Kalman 滤波进行估计。根据以上理论，基于 Kalman 滤波多尺度估值算法的步骤如下：

(1)根据实际情况，选用适当的小波把信号分解在若干个尺度上，去掉细节中的极大值点，实时调整观测噪声的方差，使滤波更加稳定，形成自适应过程。

(2)在各个尺度上分别应用自适应 Kalman 滤波进行预测，得到各个尺度上的预测结果。

(3)将各个尺度上的预测结果，应用 Mallat 快速重构算法，得到原信号滤波后的结果。

3.3.2 基于小波和 Kalman 滤波的自适应滤波

1.信号处理实例

由于实际过程中各种因素的影响,直接采样得到的压力信号中经常会出现随机尖峰脉冲的干扰,大大降低了系统对工作参数的检测精度;另外,由于调泵、调阀等的工况操作,人为敲击或挤压管道,也可能使采样信号中出现远远偏离采样信号真值的干扰信号。所以,首先应该检测并剔除信号中所包含的粗大误差、累进性系统误差和周期性系统误差,以获得管道实际的压力信号。图 3-9 所示为在实验中采集到的管道压力信号,先采用统计方法消除采集信号中存在的尖峰干扰,实现了负压波信号的预滤波,如图 3-10 所示。

2.基于小波和 Kalman 滤波的自适应滤波结果

一般的数字滤波器的设计都是基于信号和噪声二者的先验知识,而在管道泄漏检测的过程中,无法获得管道中所存在的各种噪声的先验知识,并且管道中的压力信号也是实时变化的。根据上面的自适应滤波原理,就可以根据递推算法逐步修正滤波过程,也就是根据采样得到的压力信号实时地对滤波参数进行修正,使自适应滤波器能够有效地跟踪信号的变化,使之在平稳情况下收敛于最佳估计值或在非平稳情况下跟踪其时变特性。

图 3-9 所示为从实验中采集到的压力信号部分,可以看出存在非常明显的非周期性干扰信号。图 3-11 所示为进行了自适应滤波后的负压波信号波形,与图 3-9 对比分析可以看出,经过滤波后信号的信噪比得到提高,取得了很好的滤波效果,从而为实现准确判断泄漏和漏点定位提供了良好的基础。

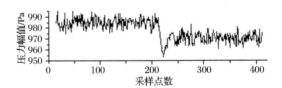

图 3-9 原始压力信号图

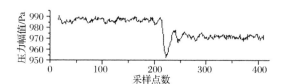

图 3-10　预滤波后的信号

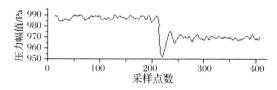

图 3-11　自适应滤波后的信号

3.3.3　现场实验

　　基于此原理算法,对 C++ Builder 编制的输油管道泄漏在线诊断系统的信号处理模块进行了相应改进并在现场进行了实验测试。实验管道位于新疆某原油输送管线,整条管线全长 109.9 km,分别由首站、1♯站、中心站、2♯站和末站五个站点组成,管道内径为 559 mm,出站温度为 70 ℃,进站温度约为40 ℃,输油流量为 278 m³/h。为了保证检测系统的可靠性,在输油工况变化的情况下分别做正常工况操作和模拟小泄漏实验。

　　实验结果表明,经过改进后的系统能够在工况变化的情况下,准确判断出压力参数变化的原因,准确率达到 100%;在泄漏量为 2% 的小泄漏实验中,系统也能正确识别到泄漏发生,并进行报警和定位显示,实验中最小定位误差为 1.00%,达到了较高的定位精度。由于模拟泄漏采用的是站点跨越放油的方式,试验管道长,形状复杂,实验中油品参数信息不免要受到站点各设备的影响,因此,系统对实际泄漏的诊断精度理论上应该比实验中还要高。

3.3.4　小结

　　本节使用小波变换和 Kalman 滤波相结合,形成自适应降噪过程,通过自动寻优,选择最佳尺度,可以有效地提取背景噪声较强情况下的管道泄漏信号波形,为准确检测泄漏发生和实现精确定位提供基础。实践证明,该方

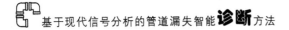

法大大提高了对信号进行处理的效率,在管道泄漏的在线监测应用中是十分有效的。

3.4 基于小波熵的管道微弱信号降噪

3.4.1 信息熵及谱熵

1.信息熵

事物状态的不确定性与事物可能出现的各种状态与概率有关,将各种可能选择的消息集合 x 称作样本空间,可写成 $\{x_1,x_2,\cdots,x_n\}$,每个可选择的消息 x_i 各有一个概率 $P(x_i)=P_i$,则 $0 \leqslant P_i \leqslant 1$,$\sum P_i=1$。$x_i$ 所表示的事件含有的自信息量以 $I(x_i)=-\log_a P(x_i)=-\log_a P_i$ 表示,它是一个随机变量,随所发生消息而改变,故不宜用作整个信息源的信息度量。因此,定义自信息的数学期望为信息源的平均自信息量,即熵,记为 $H(X)$:

$$H(X)=E[I(x_i)]=E[-\log_a P_i]=-\sum_i P_i \log_a P_i \qquad (3-42)$$

对数底 a 决定了熵的单位,当 $a=2,e,10$ 时,熵的单位分别为 bit,nat,Hartley,习惯上选 $a=e$。上述信息熵用以衡量信息源的平均信息量。当所有事件具有等概率时,某一事件将出现的不确定性为最大,熵也最大,即当各事件的不确定性都相等时,熵最大;对确定性事件,则熵为零。因此,信息熵可作为事物不确定性的度量。

2.谱熵

基于信息熵的概念,以功率谱为基础,在信号的频域内可以计算信号的谱熵:设信号 $x(n)$ 的离散傅里叶变换为 $X(\omega)$,则其功率密度谱为 $S(\omega)=\frac{1}{N}|X(\omega)|^2 \Delta\omega$。由于信号从时域变换到频域的过程中能量守恒,即 $\sum x^2(t)\Delta t=\sum |X(\omega)|^2 \Delta\omega$,因此,$S=\{S_1,S_2,\cdots,S_n\}$ 可以看作对原始

信号的一种划分,则第 i 个功率谱在整个谱中所占的百分比为 $P_i = \dfrac{S_i}{\sum\limits_{i=1}^{n} S_i}$。

由此可以定义相应的信息熵,即功率谱熵为

$$H = -\sum_{i=1}^{N} P_i \lg P_i \qquad (3\text{-}43)$$

谱熵是信号复杂度的一种度量。信号的功率谱谱峰越狭窄,谱熵越小,表示信号波形比较有规律,复杂度小;功率谱越平坦,谱熵越大。例如,白噪声是无规则的随机信号,其功率谱平坦,谱熵很大,信号复杂度高。

3.4.2　小波熵测度定义

基于 Shannon 熵概念的谱熵(spectral entropy)是一种复杂度的分析指标,所分析信号的功率谱中存在的谱峰越窄、谱熵越小,表示信号波形的变化越有规律、复杂度越小;反之,功率谱越平坦、谱熵越大,信号的复杂度越大。采用快速傅里叶变换(fast fourier transform,FFT)估计信号功率谱,然后计算谱熵,是谱熵计算的常用方法,但基于 FFT 变换的功率谱估计只能反映信号段的平均功率分布,不包含信号的任何时域变化信息,并且谱估计的频率分辨率与所采用的信号长度成正比,用短时间窗的信号做谱估计将降低其频率分辨率。

用小波变换代替 FFT 变换可以定义各种熵,统称为小波熵。小波变换可以在频域和时域同时定位分析非平稳时变信号,因此可以得到信号在时域的动态变化信息,在此基础上定义的各种小波熵可以表征信号复杂度在时域的变化情况,也可以表征信号的诸多频域特征。

根据小波变换的框架理论,当小波基函数是一组正交基时,小波变换具有能量守恒的性质,即

$$\sum_{j=1}^{N} \left| < x(t), \varphi_{j,k}(t) > \right|^2 = \parallel x \parallel^2 \qquad (3\text{-}44)$$

定义单一尺度下的小波能量为该尺度下小波系数的平方和:

$$E_j = \parallel x \parallel^2 = \sum_k \left| d_j(k) \right|^2 (j = 1, 2, \cdots, N) \qquad (3\text{-}45)$$

由正交小波变换的特性可知,在某一时间窗内,信号总功率等于各个分量功

率之和：

$$E = \sum_j \sum_k |d_j(k)|^2 = \sum_j E_j \qquad (3-46)$$

把每一个分解尺度的高频信息量都看成是一个单独的信号源,将每一层高频小波系数分成 n 个相等的小区间,计算各个小区间的小波熵,选取熵值最大的那个小区间的中值作为噪声的方差,实现基于小波熵的阈值自适应选取。假设第 j 层的高频小波系数为 $d_j(k)$,采样点为 N,将这些采样点上的小波系数分成 n 等分,则第 k 个子区间的小波系数对应的能量为

$$E_{j,k} = \sum^{N/n} |d_j(k)| \qquad (3-47)$$

第 j 层高频小波系数的总能量表示为

$$E_j = \sum^N |d_j(k)| \qquad (3-48)$$

设第 k 个子区间包含的信号能量在该尺度上总能量中存在的概率为

$$p_{j,k} = \frac{E_{j,k}}{E_j} \qquad (3-49)$$

则定义第 k 个子区间对应的信号小波熵为

$$S_k = -\sum_j p_{j,k} \ln p_{j,k} \qquad (3-50)$$

3.4.3 基于小波熵的微弱信号检测原理

1.Mallat 分解算法

Mallat 分解算法是微弱信号提取的基础,它是一种基于多分辨率分析的快速小波变换算法。其原理是利用正交小波基将信号分解为不同尺度下的各个分量。每一次分解产生高频细节分量 $d_j(k)$ 和低频粗略分量 $c_j(k)$ 两部分。由于信号的细节信息和噪声信息都包含在 $d_j(k)$ 中,故下一次只需对 $c_j(k)$ 进行分解。其变换过程相当于重复使用一组高通和低通滤波器对时间序列信号进行逐步分解。

首先选择与信号最相近的小波基函数,然后确定小波分解层次 N,对信号进行 N 层分解,分别得到不同分解尺度的低频和高频分量系数。多分辨率分解公式如下：

$$c_{j,k} = \sum h_0(m-2k)c_{j-1,m} \tag{3-51}$$

$$d_{j,k} = \sum h_1(m-2k)c_{j-1,m} \tag{3-52}$$

式中：$h_0(n) = <\varphi_{j,0}(k), \varphi_{j-1,n}(k)>$，相当于一个低通滤波器组，分解出低频系数 $c_{j,k}$，$h_1(n) = <\varphi_{j,0}(k), \varphi_{j-1,n}(k)>$ 相当于高通滤波器组，分解得到高频系数 $d_{j,k}$，$\varphi_{j,0}(k)$ 和 $\varphi_{j-1,n}(k)$ 分别为对应的尺度函数和小波函数。

2.软阈值提取法

被测信号在小波域的能量相对集中，表现为能量密度区域的信号分解系数绝对值比较大，而噪声信号的能量谱相对分散，其系数绝对值较小，这样就可以通过阈值处理方法滤除绝对值小于一定阈值的小波系数，从而达到降低噪声提取有用信号的效果。

如何将信号与噪声有效分离，关键在于阈值的选择与量化。如果阈值选择得过小，则重构信号中仍然含有大量噪声。相反，如果阈值选择得太大，又会把信号中的有用成分滤除掉，从而丢失细节和边缘信息。Donoho 提出的软阈值方法对于高信噪比的信号能够实现信号和噪声的近似最优分离[96]。相应软阈值提取法的具体实现过程通常按如下 3 个步骤进行：

(1)按式(3-51)和(3-52)将信号分解出低频系数 $c_{j,k}$ 和高频系数 $d_{j,k}$。

(2)选择不同的阈值，对各个层次的高频系数分量进行阈值压缩及量化处理，这里采用 Donoho 提出的软阈值方法，阈值：

$$thr = \sigma\sqrt{2\lg N} \tag{3-53}$$

式中：σ 为噪声标准差，$\sigma = \dfrac{media(|d_{j,k}|)}{0.6745}$；$N$ 为不同尺度的采样点。

(3)根据第 N 层的低频系数和进行阈值处理，求得各个分解尺度上的近似高频系数，然后对信号进行重构，则重构信号表示为

$$f(\hat{t}) = A_N(t) + \sum_{j=1}^{N} D_j(\hat{t}) \tag{3-54}$$

式中：$A_N(t)$ 表示由第 N 层的低频系数重构信息；$D_j(\hat{t})$ 表示由不同尺度的近似高频系数重构信息。

3.基于小波熵的自适应阈值提取方法

虽然 Donoho 提出的软阈值法对高信噪比信号具有一定的检测能力，但

对于信噪比较低或完全被噪声淹没的微弱信号,由于保留了大噪声的小波系数,而不能达到预期的效果。因此,运用小波熵的基本理论,自适应地确定小波阈值,可实现微弱信号的有效提取。

1)基于小波熵的微弱信号检测及定位原理

在弱信号检测领域中,引入小波熵的概念,用来发现信号中微小的异常变化,实现在强噪声污染情况下弱信号的提取。小波变换反映了信号在时频域中能量分布状况,不同信号在时频分布上的差异,表现为不同子块时频区间能量分布的差异。

根据被测信号在不同的小波分解层次上表现为奇异点位置对应整齐的性质,而噪声的分解系数是均匀分布且互不相关的特点,将相邻两个分解尺度上的高频系数对应相乘,则信号对应的小波系数被增强而噪声对应的小波系数被削弱,从而实现强噪声情况下的弱信号的准确定位,有利于弱信号的有效提取。利用基于小波熵的弱信号检测方法对不同尺度上的高频系数进行阈值及量化处理,然后利用第 3 层的低频系数与第 1 到 3 层的高频近似系数进行重构。由于弱信号检测过程中的噪声较强,单纯采用一次小波变换不能实现弱信号的有效提取,所以采用二次小波变换的方法对单支重构的高频分解信号进行二次小波变换,然后对二次小波分解的高频系数同样采用基于小波熵的弱信号检测方法进行阈值处理,分别将相邻尺度上的小波系数对应相乘,结果可以准确地检测出弱信号的位置信息,其检测及定位原理框图如图 3-12 所示。

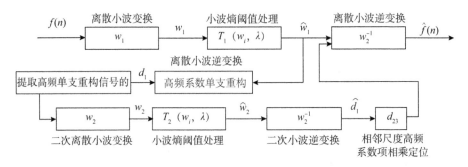

图 3-12 基于小波熵的微弱信号检测原理图

2) 检测步骤

(1) 选择与原始信号最相近的小波基函数，确定小波变换的分解尺度，利用 Mallat 塔式方法对信号进行小波变换，从而得到不同分解尺度的高频系数分量和低频系数分量。

(2) 计算第 j 尺度上的小波阈值，比较 n 个子带信号的小波熵，选取小波熵值最大的子带的小波系数，认为该子带的小波系数是由噪声引起的，计算该子带小波系数的中值 σ_j，作为第 j 尺度的噪声方差，代入式(3-53)，从而可以计算得到第 j 尺度的小波阈值。

(3) 由于噪声分布在小波域的各个频段，故认为不同尺度上的噪声小波系数值不同，随着分解尺度的增加，噪声的小波系数越来越小。根据噪声信号的这种分布特性，按步骤(2)分别计算不同尺度的小波阈值，并对每一尺度的高频系数分量进行阈值化处理，得到近似高频小波系数。

(4) 利用最高一层小波分解的低频系数分量和经过阈值处理的不同尺度的近似高频小波系数分量，组成进行信号重构所需要的系数分量，按多分辨率分析的重构式(3-54)进行重构，以实现有效信号的提取。

3.4.4　基于小波熵提取微弱信号实例分析

小波熵理论是基于小波分析方法建立起类似信息熵的理论，因而能够对时频域上能量分布特性进行定量描述。利用小波变换矩阵的稀疏程度来抑制无关成分，实现信号准确定位的一种方法。由于集输管道油品输送量相对较小，因而其压力流量参数较小，因为集输管道长度较短（一般为几公里至十几公里），发生在管道上小泄漏产生的负压波信号一般可够传到管道两端。但是由于其波动幅度小，加之背景噪声较大，因而通常被淹没在正常采集的原始信号中。如图 3-13 上部分所示是某段管道泄漏时，首端压力测量点采集到的泄漏波形，压力下降幅度分别为 10% 左右；图 3-14 上部分所示为该管道末端压力测量点的输出波形，压力波形的两个拐点的下降幅度在 8% 左右，而现场噪声的波动幅值却达到压力幅值的 14%。

从两端的压力变化来看：首末端波动幅度都不大，应该属于小泄漏事件。用 sym4 小波对信号进行 3 层分解，并利用小波熵检测算法对原始信号进行降噪处理,其检测结果分别如图 3-13 和 3-14 下部分所示。从两幅降噪后的结果图可以看出,基于小波熵的微弱信号降噪方法对首末端小泄漏信号均能实现准确提取。

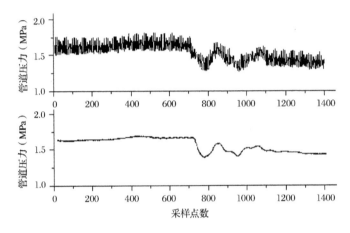

图 3-13　首站微弱信号提取

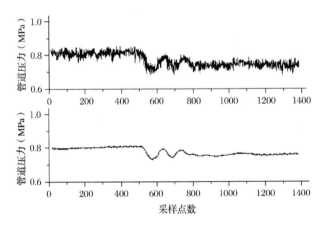

图 3-14　末站微弱信号提取

3.4.5　小结

　　本节分析了小波熵测度在管道泄漏微小信号检测中的应用,在提取管道特征波形的同时,达到了理想的降噪效果,为后面对泄漏信号的准确识别提供了良好的前提条件。

3.5　基于模糊聚类方法挖掘压力波动最优特征指标

通常,描述管道压力波动信号的特征指标很多。在传统诊断模型中,研究者往往是凭经验选择几个自己认为敏感的指标作为波动信号的特征指标来进行诊断分析。然而,进一步研究发现,不同的现场环境,输送不同油品以及输送工艺不同情况下,表达波动的不同特征指标的敏感程度不同。另外,特征指标的选择数量对识别结果有较大影响,特征指标过少,可能达不到正确识别的效果,特征指标过多,会增加模型和系统计算量,有时还可能会出现过学习而同样达不到理想的识别效果。所以,必须针对实际情况挑选最优特征指标以实现最理想的检测效果。

为此,本书提出一种基于模糊聚类的数据挖掘算法,从描述管道压力波动信号中挖掘最优特征参数。基本思想是:首先,从最大程度上选择反映波动敏感的特征指标作为待挖掘指标,每次从中挑选若干个不同指标进行模糊聚类分析,得出每种情况下的识别效果,在最终的分类结果中,挑选分类效果最好而指标个数最少的那一组特征指标便是我们所寻求的最优特征指标。

3.5.1　模糊聚类基本原理

1.模糊聚类的基本思想

设数据集 X 中含有 n 个样本,表示为 $x_k, k=1,2,\cdots,n$。聚类问题是将 $x=\{x_1,x_2\cdots,x_n\}$ 区分为 x 中的 $c(2<c<n)$ 个子集,要求相似的样本尽量在同一类,其中,c 为聚类数。

经典的聚类算法是将每一个辨识对象严格地划分为某一类,但在实际情况下,某些对象并不具有严格的属性,它们可能位于两类之间,这时采用模糊聚类方法可以获得更好的效果。该方法的基本思想为:若将数据集 $x=\{x_1,x_2\cdots,x_n\}$ 分为 c 类,设 x 中的任意样本 x_k 对第 i 类的隶属度为 u_{ik},该分类

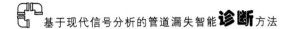

结果可以用 $c \times n$ 阶模糊矩阵 $\boldsymbol{U}$ 来表示,该矩阵具有如下性质:

(1) $u_{ik} [0,1]$;

(2) $\sum_{i=1}^{c} u_{ik} = 1$(任一样本对各类隶属度之和为 1);

(3) $\sum_{k=1}^{n} u_{ik} > 0$。

2.样本数据的标准化

由于各特征变量的量纲、物理意义不同,需对其进行归一化处理。

$$x'_{ik} = \frac{x_{ik} - \bar{x}_k}{s_k} (i=1,2,\cdots,l)$$

$$\bar{x}_k = \left(\sum_{i=1}^{n} x_{ik} \right) / n (同一特征值的均值)$$

$$\bar{x}_k = \sqrt{\sum_{i=1}^{n} (x_{ik} - \bar{x}_k)^2 / n} (同一特征值的方差)$$

其中:x_{ik} 为各样本中的特征参数,l 为特征参数的个数。

3.聚类准则

为了在众多可能的分类中寻求合理的分类结果,需要确定合理的聚类准则。定义目标函数 $J_m(\boldsymbol{U},\boldsymbol{V})$:

$$J_m(\boldsymbol{U},\boldsymbol{V}) = \sum_{k=1}^{n} \sum_{i=1}^{c} (u_{ik})^m \cdot \| x_k - V_i \|^2 \tag{3-55}$$

式中:x_{ik} 为数据样本,$V = \{V_1, V_2, \cdots, V_c\}$ 为 c 个聚类中心集合,$V(i=1,2,\cdots,c)$ 为第 i 类的聚类中心向量,$m \in [1,\infty]$ 为加权指数。

因为 $J_m(\boldsymbol{U},\boldsymbol{V})$ 表示了各类中的样本到聚类中心的加权距离平方和,权重是样本 x_{ik} 对第 i 类隶属度的 m 次方,聚类准则取为求 $J_m(\boldsymbol{U},\boldsymbol{V})$ 的极小值:$(\min)\{J_m(\boldsymbol{U},\boldsymbol{V})\}$。

由于矩阵 $\boldsymbol{U}$ 中各列都是独立的,因此,

$$(\min)\{J_m(\boldsymbol{U},\boldsymbol{V})\} = \min\left\{ \sum_{k=1}^{n} \sum_{i=1}^{c} (u_{ik})^m \cdot \| x_k - V_i \|^2 \right\}$$

$$= \sum_{k=1}^{n} \left[\min\left(\sum_{i=1}^{c} (u_{ik})^m \cdot \| x_k - V_i \|^2 \right) \right] \tag{3-56}$$

上述极值的约束条件为等式 $\sum_{i=1}^{c} u_{ik} = 1$，可用拉格朗日乘法来求解，当 $m>1$ 以及 $x_k \neq V_k$ 时，可以证明：

$$u_{ik} = \frac{1}{\sum_{j=1}^{c}\left(\dfrac{\|x_k - V_i\|}{\|x_k - V_j\|}\right)^{\frac{2}{m-1}}} \tag{3-57}$$

$$V_i = \frac{\sum_{k=1}^{n}(u_{ik})^m x_k}{\sum_{k=1}^{n}(u_{ik})^m}, i = 1,2,\cdots,c \tag{3-58}$$

当数据集 X、聚类类别数 c 和加权指数 m 已知时，可用上两式确定最佳分类矩阵和聚类中心。

3.5.2　利用模糊聚类原理挖掘信息特征参数原理

本书将利用模糊聚类的基本思想，进行改进后建立一种基于模糊聚类的最优特征指标挖掘算法。首先用聚类结果构造目标函数，然后，以目标函数评价和选定标定方法、分类水平、敏感的信号源及其维数。即采用模糊传递闭包法和目标函数结合挖掘敏感维数，以获得对压力波动信号进行识别的最佳特征向量组。

基于模糊聚类的特征参数挖掘过程的具体实现方法及步骤如下：

假设采集到的各种样本实例总数为 Nk。

1.确定论域

将待分类对象全体构成聚类对象论域 $\{X\}$，$\{X\} = \{x_1, x_2, \cdots, x_{Nk}\}$。

2.确定信息源上的维数论域

初步选定信息源维数，设有 NS 维 $\{SD\} = \{sd_1, sd_2, \cdots, sd_{NS}\}$。

3.选定信息源维数

取信息源维数论域 $\{SD\} = \{sd_1, sd_2, \cdots, sd_{NS}\}$ 中的一个元素，sd_{ns}（$ns = 1,2,\cdots,NS$）。

4.表达实例

将每个实例 x_{nk} 以选定的维数表达 $\{x_{nk}\} = \{x_{nk,1}, x_{nk,2}, \cdots, x_{nk,ns}\}$，即

$$\mathbf{X} = \begin{pmatrix} x_{11} & x_{12} & \cdots & x_{1\mathrm{ns}} \\ x_{21} & x_{22} & \cdots & x_{2\mathrm{ns}} \\ \vdots & \vdots & & \vdots \\ x_{\mathrm{Nk}1} & x_{\mathrm{Nk}2} & \cdots & x_{\mathrm{Nk,ns}} \end{pmatrix}。$$

5.标定（即计算相似度）

选定一种标定方法，在 $\mathbf{X}$ 上建立一个相似模糊关系。这里为了进一步构造模糊关系矩阵，采用相似度来刻画各个样本之间的关系。根据各个分类对象的不同属性因素的标准化数据来计算各个样本间的相似程度。

$$[D] = [d_{ij}]_{\mathrm{NkNk}} \tag{3-59}$$

常用的标定方法有很多，本书采用相关系数法对 $\mathbf{X}$ 进行标定，标定公式如下：

$$d_{ij} = \frac{\sum\limits_{k=1}^{\mathrm{ns}} |x_{ik} - \overline{x}_i| \cdot |x_{jk} - \overline{x}_j|}{\sqrt{\sum\limits_{k=1}^{\mathrm{ns}} (x_{ik} - \overline{x}_i)^2 \cdot \sum\limits_{k=1}^{\mathrm{ns}} (x_{jk} - \overline{x}_j)^2}} \tag{3-60}$$

$$\overline{x}_i = \frac{1}{\mathrm{ns}} \sum_{k=1}^{\mathrm{ns}} x_{ik} \tag{3-61}$$

6.求 $[D]$ 的传递闭包 $[\overline{D}]$

在上一步得到的各个样本之间的关系矩阵 $\mathbf{R} = (r_{ij})_{n \times n}$，一般只满足自反性和对称性。通常需要进一步求矩阵 $\mathbf{R}$ 的传递闭包 $t([\mathbf{R}])$，使矩阵满足传递性，将其改造为等价模糊矩阵。但在实际系统中大批量的数据处理会给系统带来沉重的负担，影响其实用性。因此，这里在模糊相似矩阵的基础上，首先确定阈值 λ 的值，对模糊相似矩阵取 λ 截矩阵，然后使用编网法聚类，避免矩阵的自乘。

7.进行聚类计算

取分类水平 $\lambda_{\mathrm{n}\lambda}$，按 $\lambda_{\mathrm{n}\lambda}$ 对 x 划分相似类，把相交的相似类归并在一起，得到在 $\lambda_{\mathrm{n}\lambda}$ 水平上的等价类 $[x_{g\mathrm{n}\lambda}]$，$g_{\mathrm{n}\lambda} = 1, 2, \cdots, G_{\mathrm{n}\lambda}$，$G_{\mathrm{n}\lambda}$ 为聚类类别数。

当 $g_{\mathrm{n}\lambda} = N_c$（已知分类数）时构造目标函数：

$$J_{\mathrm{n}\lambda} = \frac{N_k - \mathrm{NIC}_{\mathrm{n}\lambda}}{N_k} = \frac{\mathrm{NCO}_{\mathrm{n}\lambda}}{N_k} \tag{3-62}$$

其中：$NCO_{n\lambda}$ 为划分正确实例总数；$NIC_{n\lambda}$ 为划分不正确实例总数。

8.获得一种标定的目标函数向量

降低分类水平重新聚类，得到一个划分正确率向量 $\boldsymbol{J}_{nr} = \{J_1, J_2, \cdots, J_k\}$，取 $\boldsymbol{J}_n = \max(\boldsymbol{J}_{nr})$。

9.改变信息源维数重复步骤 4～8

取 $\boldsymbol{J}_{ni} = \max(\boldsymbol{J}_{ns})$ 得到最佳维数。

上述步骤流程如下图所示：

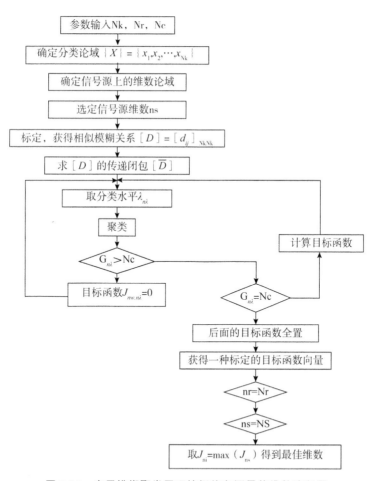

图 3-15　应用模糊聚类原理挖掘信息源最佳维数流程图

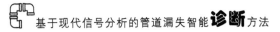

3.5.3 管道压力波动信号的最优特征参数提取实例

在基于信号特征提取的管道泄漏信号识别模型中,用一个参数描述信号特征最直接、明了,诊断推理效率也最高。然而单个参数的描述能力有限,不同工况下,管道压力波动信号一般较为复杂,必须用多个参数联合对其进行描述,因而需选用多个指标构成参数向量。一般而言,参数向量维数越多描述能力越强,但维数越高,诊断推理效率越低。因此在满足故障准确识别的前提下,维数越少越好。本节中数据挖掘的目的就是获得最简单的特征向量模式,即在满足识别准确率的前提下,选用最少的特征维数。

以大庆油田某原油集输管道作为研究对象,采用上面的数据挖掘方法对压力波动描述进行最优特征指标参数提取,实现过程如下:

1.实例样本获取

该管道管径为$\varnothing 250 \text{ mm} \times 6 \text{ mm}$,正常输油量为$100 \sim 300 \text{ m}^3/\text{h}$。为了获取不同工况下管道压力波动信号,在该集输管道上分别进行了阀门调节、输油泵停输和模拟泄漏实验,图3-16左中右所示分别为发油端调节阀门、输油泵和模拟泄漏现场,图3-17所示为实验中采集到的不同工况下的典型压力波动信号,分别为正常输送、调阀、停泵和泄漏。

(a) 调节阀门　　　　　　　(b) 输油泵　　　　　　　(c) 泄漏现场

图3-16　不同工况现场

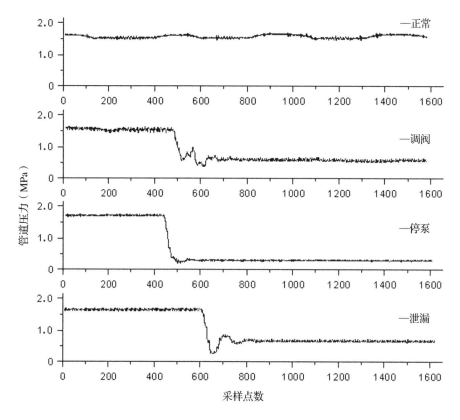

图 3-17　不同工况下管道压力波形

正常情况下,压力波动较小,所以主要考虑后三种工况波形。为了便于充分表达不同工况下压力波动信号。经过多次实验,取其中最典型的 21 个样本,并对它们进行了特征指标计算,原始特征如表 3-2 所示。因为幅值经预处理后,成为归一化数据,故表中各项指标均为无量纲参数,表 3-3 为这 21 个波动样本的工况原因。

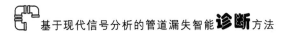
表 3-2　21 个标准样本

序号	峰值	峰-峰值	平均值	方差值	均方根	方根幅值	波形指标	峰值因子	脉冲因子	裕度因子	峭度	峭度因子
1	0.793 4	0.106 5	0.529 3	0.052 9	15.23 8	0.080 5	1.498 8	0.052 0	1.498 8	9.847 3	0.058 6	0.052 0
2	0.873 9	0.026 0	0.532 7	0.047 9	1.832 8	0.083 2	1.640 5	0.476 8	1.640 5	10.497 2	0.004 7	0.476 8
3	0.673 3	0.226 6	0.517 3	0.051 8	1.018 4	0.064 3	1.301 5	0.661 1	1.301 5	10.464 6	0.134 6	0.661 1
4	0.508 4	0.391 5	0.500 8	0.054 7	27.265	0.055 3	1.015 1	0.018 6	1.015 1	9.185 2	0.101 6	0.018 6
5	0.558 6	0.341 3	0.505 8	0.514 2	2.503 1	0.061 8	1.104 3	0.223 1	1.104 3	9.036 7	0.011 7	0.223 1
6	0.745 3	0.154 6	0.544 5	0.053 4	1.263 6	0.055 0	1.326 8	0.589 8	1.368 8	13.535 0	0.049 0	0.589 8
7	0.805 7	0.094 2	0.530 5	0.053 0	1.837 9	0.086 5	1.518 5	0.438 5	1.518 5	9.311 9	0.111 1	0.438 3
8	0.832 5	0.067 4	0.533 2	0.053 3	2.442 1	0.053 2	1.561 2	0.340 9	1.561 2	15.632 1	0.166 5	0.340 9
9	0.643 4	0.256 5	0.514 3	0.051 4	1.363 3	0.164 3	1.251 0	0.471 9	1.251 0	3.915 2	0.028 6	0.471 9
10	0.553 5	0.346 4	0.505 3	0.050 5	11.313	0.150 3	1.095 3	0.048 9	1.095 3	3.681 6	0.110 7	0.048 9
11	0.618 2	0.281 7	0.511 8	0.051 1	3.931 5	0.261 8	1.207 8	0.157 2	1.207 8	2.361 2	0.023 6	0.157 2
12	0.550 6	0.349 1	0.505 0	0.050 5	5.102 8	0.155	1.090 3	0.107 2	1.090 3	3.551 2	0.010 1	0.107 9
13	0.865 2	0.034 7	0.536 5	0.048 0	2.921 2	0.061 8	1.612 6	0.295 7	1.612 6	13.995 8	0.173 0	0.291 5
14	0.780 0	0.119 9	0.534 2	0.050 3	1.941 0	0.055 0	1.459 9	0.401 8	1.459 9	14.164 3	0.001 5	0.401 8
15	0.641 2	0.258 7	0.514 3	0.051 4	1.868 5	0.086 5	1.224 7	0.343 1	1.247 3	7.411 3	0.128 2	0.343 1
16	0.579 2	0.320 7	0.507 2	0.050 5	1.392 8	0.083 5	1.140 3	0.413 9	1.140 3	6.957 0	0.015 8	0.413 9
17	0.678 8	0.221 1	0.517 8	0.051 1	1.040 1	0.064 3	1.310 8	0.652 5	1.310 8	10.550 4	0.035 7	0.652 5
18	0.847 2	0.052 7	0.534 7	0.050 4	13.473	0.055 3	1.584 5	0.062 8	1.584 5	15.306 8	0.069 4	0.062 8
19	0.642 8	0.257 1	0.514 2	0.051 4	3.325	0.061 8	1.250 0	0.193 3	1.250 0	10.398 7	0.008 5	0.193 3
20	0.833 5	0.066 4	0.533 3	0.053 3	1.182 2	0.124 7	1.562 9	0.705 0	1.562 9	6.680 4	0.166 7	0.705 0
21	0.616 5	0.283 4	0.511 6	0.051 1	1.211 6	0.064 1	1.204 9	0.508 8	1.204 9	9.614 0	0.012 3	0.508 8

表 3-3　原始样本特征性质

波动原因	原始样本序号
阀门调小	1,3,4,11,15,16,17,18,20
泵停输	2,6,7,12,13,14,21
模拟泄漏	5,8,9,10,19

2.最优特征参数挖掘过程

利用 3.3.2 小节中特征参数挖掘算法,从管道压力波动 12 个特征指标中寻找最优特征指标的具体实现方法如下:

(1)以表 3-2 中 21 组样本作为论域,原始信号维数为 12 个,分别为描述压力波动信号的 12 个特征指标:峰值(最大值)、峰-峰值、平均幅值、方差 、均方根、方根幅值、波形指标、峰值因子、脉冲因子、裕度因子、峭度、峭度因子,即($NS=1,2,\cdots,12$)。

(2)首先在原始信号 12 个特征指标中任取 2 个采用 3.4.2 小节中的算法对上述 21 个样本进行标定,得到模糊矩阵并求其传递闭包矩阵$[\overline{\boldsymbol{D}}]$,对$[\overline{\boldsymbol{D}}]$进行聚类分析。取分类水平$\lambda_{n\lambda}$,按$\lambda_{n\lambda}$对 x 划分相似类,把相交的相似类归并在一起,得到在 $\lambda_{n\lambda}$ 水平上的等价类$[x_{n\lambda}]$,$g_{n\lambda}=1,2,\cdots,G_{n\lambda}$,$G_{n\lambda}$ 为聚类类别数,每次得到一个聚类结果,然后对比表 3-3,用公式(3-62)求划分正确率。

3)增加原始信号模式的维数,重复前面的步骤,求出划分正确率,直到 12 个特征指标全部用完。

4)确定最大划分正确率 $J_{ni}=\max(\boldsymbol{J}_{ns})$。此时对应的特征指标即为从样本数据库中挖掘出的特征向量模式,该特征向量模式能够最好地达到对这三种工况波形的区分效果。

3.分类结果

分析结果表明,当 $NS=\{3,5,6,10,11,12\}$ 时,把样本数据分为 3 类时聚类准确率最高,此时聚类结果见表 3-4,对所有样本数据的正确分类率为100%,而此时对应的特征指标一般可以分为以下几类:

1)可以体现压力信号波动强弱的参数

方差 $X_{avr} = \dfrac{1}{n}\sum\limits_{i=1}^{N}(x_i - \bar{x})^2$，其中 $\bar{x} = \dfrac{1}{N}\sum\limits_{i=1}^{N}x_i$；

均方根 $X_{rms} = \sqrt{X_{avr}}$；

方根幅值 $X_r = \left(\dfrac{1}{N}\sum\limits_{i=1}^{N}|x_i|^{\frac{1}{2}}\right)^2$；

平均幅值 $X_{am} = \dfrac{1}{N}\sum\limits_{i=1}^{N}|x_i|$；

峰值 X_{max}；

峰-峰值 $X_{pp} = x_{max} - x_{min}$。

2)体系压力信号变化的无量纲参数

波形指标 $X_s = \dfrac{X_{rms}}{X_{am}}$。

3)体现压力信号突变性的指标参数

峭度因子 $X_{kf} = \dfrac{X_k}{X_{rms}}$。

峰值因子 $X_{cf} = \dfrac{X_{max}}{X_{rms}}$。

脉冲因子 $X_{imf} = \dfrac{X_{max}}{X_{am}}$。

裕度因子 $X_L = \dfrac{X_{max}}{X_f}$。

4)体现负压波形成信号的幅值分布扩散程度的无量纲指标

峭度 $X_k = \left(\dfrac{1}{N}\sum\limits_{i=1}^{N}x_i^4\right)^{\frac{1}{4}}$。

表 3-4　聚类结果

序号	21 个样本聚类结果			聚类结果
	阀门调小（A）	泵停输（B）	模拟泄漏（C）	
1	0.865 28	0.067 41	0.067 31	A
2	0.016 49	0.936 18	0.057 33	B
3	0.949 01	0.013 13	0.037 86	A
4	0.870 41	0.042 92	0.086 67	A
5	0.031 39	0.054 45	0.914 16	C
6	0.013 43	0.956 94	0.029 63	B
7	0.020 61	0.914 22	0.065 17	B
8	0.063 87	0.076 66	0.859 47	C
9	0.019 13	0.04 59	0.934 97	C
10	0.060 58	0.118 96	0.820 46	C
11	0.918 48	0.033 28	0.048 24	A
12	0.075 95	0.763 78	0.160 27	B
13	0.026 96	0.926 19	0.046 85	B
14	0.083 88	0.880 64	0.035 48	B
15	0.903 49	0.033 51	0.063 25	A
16	0.862 26	0.053 38	0.084 36	A
17	0.904 22	0.013 09	0.082 69	A
18	0.874 65	0.042 46	0.082 89	A
19	0.382 24	0.037 91	0.579 85	C
20	0.918 31	0.025 78	0.055 91	A
21	0.012 72	0.954 87	0.032 41	B

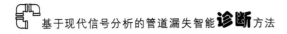

需要说明的是,不同的现场环境,不同的管道特征(如管道长度、大小、走向等),不同的流体(原油、成品油)和输送工艺(单一输送还是混输等),不同的工况环境(如泵阀设备,操作方式等),进行特征参数挖掘的结果可能不尽相同,需要根据实际情况做出判断分析。

3.5.4 小结

本节利用基于模糊聚类的数据挖掘算法,从众多描述管道压力波动的特征参数中挖掘出最优特征参数,并给出了特征参数挖掘算法和步骤。

第4章　基于压力参数的管道漏失诊断方法

在管道泄漏诊断方法中,负压波法以其定位准确、算法灵活、对硬件要求不高等优点而成为目前国内外研究、应用较多的管道实时泄漏检测和定位方法。负压波漏失诊断方法是基于管道压力参数的检测方法。对于管道的漏失诊断,本质上也属于故障诊断的范畴,其整个诊断的过程一般分为原始采集信号的降噪、特征提取、故障辨识等步骤。由于实际管线中采集到的压力信号中除了混杂有大量的工业噪声,通常还含有各种外界因素造成的干扰,另外,有时正常的工况调节产生的压力波动与泄漏特征信息极其相似,因此,如何从复杂干扰中有效地识别泄漏是管道漏失诊断的关键和难点。

为有效对管道漏失进行诊断,本章研究了波形结构模式识别、模糊理论、随机森林多异源信号融合、多元支持向量机及 PSO-SVM 等诊断方法。

4.1　基于独立分量分析和波形结构模式识别的管线泄漏诊断

在特征信号不明显或被淹没的情形下,传统信号分析方法难以将泄漏引发的负压波特征波形准确提取出来。本节提出将独立分量分析技术(independent component analysis,ICA)应用到负压波特征信号提取中,对负压波原始信号进行分解降噪处理,以实现特征不明显时负压波特征信号和强背景噪声的有效分离,并提出采用波形结构模式识别方法对管道运行状态进行识别。

4.1.1　ICA 原理与算法

ICA 技术是近年来国际信号与信息处理领域的研究热点之一[5]。该技术假设各源信号之间是独立的,其目的是把接收到的混合信号分解为相互独立的成分,而分离出的各成分即为源信号。由于现实世界中有用信号与噪声往往是独立的,因此 ICA 在降噪上有着很大的潜力。

1.ICA 原理

ICA 的基本目标就是要找到一个线性变换使变换后的各信号之间尽可能统计独立。设 x 为观测值,对应于一个 m 维离散时间信号 $\boldsymbol{x}=[x_1,x_2,\cdots,x_m]^{\mathrm{T}}$,且是源信号 $\boldsymbol{s}=[s_1,s_2,\cdots,s_n]^{\mathrm{T}}$ 的线性组合:

$$\boldsymbol{x}=\boldsymbol{As} \tag{4-1}$$

式中,$\boldsymbol{x}$,$\boldsymbol{s}$ 分别为观测信号和源信号向量,$\boldsymbol{A}$ 为混合矩阵。ICA 的基本思想就是在独立信源 $\boldsymbol{s}=(s_1,s_2,\cdots,s_n)^{\mathrm{T}}$ 和混合矩阵 $\boldsymbol{A}$ 都是未知的情况下,希望能够寻找一个分解矩阵 $\boldsymbol{W}=\boldsymbol{A}^{-1}$,从而能够从观测信号 $\boldsymbol{x}=[x_1,x_2,\cdots,x_m]^{\mathrm{T}}$ 中进行源信号分离,即

$$\hat{\boldsymbol{s}}=\boldsymbol{A}^{-1}\cdot\boldsymbol{x}=\boldsymbol{W}\cdot\boldsymbol{x}\approx\boldsymbol{s} \tag{4-2}$$

分离的结果 $\hat{\boldsymbol{s}}$ 是对源信号 $\boldsymbol{s}$ 的良好逼近。

2.FastICA 算法

现有的 ICA 算法有 EASI 算法、采用自然梯度的极大似然估计算法、非线性 PCA 的 RLS 算法和基于负熵最大化的 FastICA 算法(快速不动点算法)等,具体参见文献[72]。其中应用较多的是基于负熵的分离算法,即 Fast ICA 算法。

具有概率密度 $f(\boldsymbol{y})$ 的随机向量 $\boldsymbol{y}$ 的微分熵定义为

$$H(\boldsymbol{y})=-\int f(\boldsymbol{y})\lg(\boldsymbol{y})\mathrm{d}\boldsymbol{y} \tag{4-3}$$

其负熵 J 定义如下:

$$J(\boldsymbol{y})=H(\boldsymbol{y}_{\mathrm{gauss}})-H(\boldsymbol{y}) \tag{4-4}$$

式中:$\boldsymbol{y}_{\mathrm{gauss}}$ 是一个与 $\boldsymbol{y}$ 具有相同方差矩阵的高斯分布的随机变量;H 是信息熵函数。由信息论可知,高斯性越强,信息熵越大,因此 $\boldsymbol{y}$ 的非高斯性越强,其信息熵越小,则式(4-4)的值越大。但是由于式(4-4)计算需要已知概率密度,不利于实际计算,因此文献[5]提出了一种替代计算近似公式:

$$J(\boldsymbol{y}) \propto \left[E\{G(\boldsymbol{y})\} - E\{G(\boldsymbol{y}_{\text{gauss}})\} \right]^2 \tag{4-5}$$

式中：$E\{\cdot\}$ 为期望运算；$G(\cdot)$ 是一任意非二次函数，经验中常取 $G_1(u) = \frac{1}{a_1}\log[\cosh(a_1 u)]$ 或 $G_2(u) = -e^{-u^2/2}$，根据式（4-5）的判据函数，可以推导出 Fast ICA 算法：

（1）选择初始 W 值；

（2）$W(n+1) = E\{xG(W^{\mathrm{T}}(n)x)\} - E\{G'(W^{\mathrm{T}}(n)x)\}W(n)$；

（3）$W(n+1) = W(n+1) / \|W(n+1)\|$；

（4）如果相邻的 W 变化小于给定的值，则迭代停止；否则转（2）。

4.1.2　基于独立分量分析的负压波特征信号提取

正常输油情况下，压力信号应该表现为平直波动状态，实际采集的信号中含有大量的周期和随机噪声。一般可认为管道中的随机噪声信号是平稳遍历的高斯白噪声，波动是由于离心泵周期运转和管道特征以及摩阻引起的，泄漏信号则是偶然情形下流体损失造成的，这三组信号产生于不同的原因，可以认为它们是互不相关和相互统计独立的，所以它们的混合信号用 ICA 方法是能够被有效分离开的。

由于正常工况操作，如停泵停阀等，与泄漏引发的压力变化同属偶然波动，产生的负压波形有较大相似之处，因此可将它们产生的负压波信号设为 $f(t)$，由管道固有特征、离心泵运转和环境随机噪声导致的压力波动为 $s(t)$，则正常输送下和泄漏时（含工况操作）采集到的压力参数信号 $p(t)$ 分别可表示为

$$p(t) = s(t) \tag{4-6}$$

$$p(t) = s(t) + f(t) \tag{4-7}$$

$p(t)$ 即为观测到的混合信号，$f(t)$ 和 $s(t)$ 为不同原因产生的源信号。应用 ICA 理论检测混合信号 $p(t)$ 中由于泄漏产生的特征信号，就是要找到一个矩阵 $\boldsymbol{W}$，使得

$$\boldsymbol{S} = \boldsymbol{W}\boldsymbol{X} = \boldsymbol{A}^{-1}\boldsymbol{X} \tag{4-8}$$

从而根据检测到的压力波信号还原出干扰信号和泄漏引发的压力波动信号，实例分析中对此进行了验证。

4.1.3　波形结构模式识别和特征向量选取

应用波形结构模式识别方法判断管道运行状态,关键是被识别对象具有可识别的形状特性。正常情况下压力信号波形如图 4-1(a)所示,一般表现为平直波动。泄漏引发的水击波在泄漏点处产生一个较陡峭的前峰,随着波峰的推进,水击波的幅值不断减小,这种现象称为波峰衰减。由于水击波的反射和衰减,所以泄漏引发的负压波波形会有一个明显的波谷和较大的反弹,接着会出现几次振幅逐渐降低的余波反弹,然后逐渐平稳,从图 4-1(c)中可以清楚地看出泄漏的过程。而调泵调阀等正常操作时引起的压力波动在管道中传播的过程与泄漏时的情况有所不同,图 4-1(b)所示为关闭阀门时产生的波形。通过理论分析和多次实验验证,管道正常输送、调泵调阀和泄漏三种基本工况下波形如图 4-1 所示。

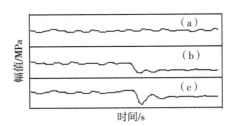

图 4-1　管道运行状态中的三种工况信号

由于不同工况下产生的压力波波形不同,因此可以通过选取波形特征参数来表达和判别管道运行状态。在基于负压波原理的管道泄漏诊断中,选取的特征除了要将不同的泄漏状态与正常状态良好区分开来,还要使其状态识辨能力尽量少受运行参数的影响。时域常用的特征数据指标有均值、均方差、峭度、偏斜度、波形指标、峰值指标、裕度指标、脉冲指标等,它们对不同的泄漏状态敏感程度不同。通过多次实验研究分析,我们发现:根据负压波均值的相对梯度、相对斜率和均值发展趋势等特征,可以较好地评判管线运行状态。其计算公式不再详细列出。

为了达到波形自动分类和识别的目的,首要任务是利用样本波形特征构建管道运行状态标准模式库,才能据此对各种输入的新模式进行识别和诊断,判断管道所处状态。

　　由于管道某些正常工况操作和泄漏产生的负压波形有很大相似之处,为了更有效地对管道压力波形进行分类,必须对大量的模式样本进行训练来建立合适的样本库,但实际中,管道泄漏诊断系统采集到的主要是正常状态下的数据,故障数据很少,很难采集到大量泄漏样本。因此,如何在管道运行小样本的基础上构造管道泄漏特征库也十分关键,采用 Bootstrap 分类能器能很好地解决小样本情况下状态库的构建问题,从而解决管道泄漏诊断中无法采集到大量泄漏故障样本来建立状态特征库的难题。

4.1.4　应用实例

1.现场实验方法与数据来源

　　现场实验位于西部某油田的一成品油输送管线,管线全长 118.0km,分别由输油首站、1♯站、中心站、2♯站和末站五座泵站组成。为了检测模型的识别能力,在输油情况下分别做了正常工况操作和模拟泄漏实验。其中泄漏实验采用 2♯站跨越放油来模拟实际泄漏。为了获得较为丰富的参数信号,采用 DDE 方式进行四通道高速同步采集,采样频率为 50 Hz,每次实验采集总段数为 40 段,每段有 1 024 点整型数据。

2.信号预处理

　　由于 ICA 技术要求实现多信号分解时必须要求观测信号的数目大于或等于独立信源的数目,所以上下游端均为两通道同步采集。图 4-2 所示是一次模拟泄漏实验时四通道采集的管道的压力信号序列。可以看出,采集的原始压力信号中含有大量的周期性和随机噪声信号,负压波特征信息基本被淹没。

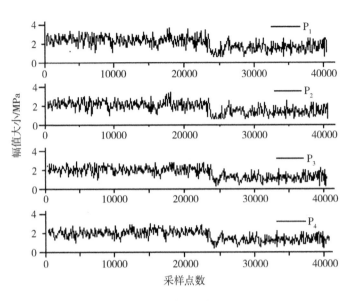

图 4-2　四通道原始数据信号

　　对信号进行归一化处理后，根据 FastICA 算法理论，对图 4-2 中的原始参数信号进行分解降噪，P_1 分解结果见图 4-3。图 4-3 的上半部为泄漏产生的负压波信号，下半部为干扰信号。可见，负压波特征信息被分解出来，拐点和波动特征非常明显，达到了降噪和特征信号提取的目的，为泄漏识别和定位打下了良好的基础。

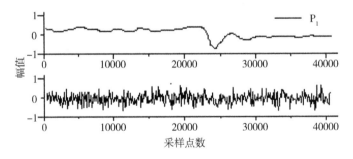

图 4-3　P_1 分解降噪后信号

　　值得一提的是，利用 ICA 变换的一个较明显的优势是，它是利用数据自身的统计特性求得的,可以随着处理的对象不同而变化,而 DFT、DCT 和小波变换等都采用较为固定的基,因此,对不同的数据没有自适应性。

3.典型状态样本及实验结果

通过对该条管线多次正常工况操作和模拟泄漏实验,得到了其各种运行状态下压力波形典型特征状态样本,并在有限的泄漏样本情况下通过 Bootstrap 分类器分类优化后,典型波形特征均以特征向量形式保存在管道运行状态模式库的数据库中。图 4-4 所示是列举了不同泄漏速率时的负压波波形特征样本。同时,为了检测诊断模型的可靠性,还进行了多次实验验证。实验结果显示,采用 ICA 技术和波形结构模式识别的泄漏诊断方法,在灵敏度和可靠性方面均比传统阈值等判别方法有更大优势,特别是在缓慢泄漏和持续泄漏方面的诊断所取得的效果更为明显。

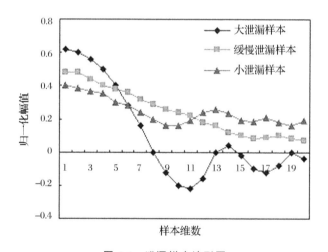

图 4-4　泄漏样本波形图

4.1.5　小结

本节利用 ICA 中的 FastICA 算法对负压波信号进行了分离提取,它不仅克服了传统的基于参数分选的方法在信号复杂、参数误差等情况下无法正确识别的局限性,而且在识别精度上有较大的提高。实验结果显示处理后的负压波信号信噪比大幅提高,为管线泄漏识别和精确定位打下很好的基础。

同时本节在分析和提取了负压波特征波形的情况下,提出了波形结构模式识别方法,以波形特征向量表达不同工况下压力波形特征来识别管道运行状态,并在有限样本情况下构建了管线运行状态模式库,现场实验验证了该方法的可行性。

4.2 基于模糊理论和信息熵的管道漏失诊断方法

通常,管道的状态参量(如压力、流量信号等)中包含着体现系统运行状态的重要特征,因此在管道泄漏诊断中采用相应的分析手段对测试信号进行必要的处理以得到被测对象的特征信息,如通过时域或频域分析得到信号的统计规律和频谱特征,作为系统状态分析与诊断的基本依据。本节主要讨论了基于模糊理论和信息熵的管道漏失诊断方法。

4.2.1 模糊诊断理论

模糊数学是用数学方法研究和处理具有"模糊性"现象的数学。模糊数学从某种意义上讲,是架在形式化思维和复杂系统之间的一座桥梁。

1.模糊诊断矩阵的建立

管道在运行过程中由于输送工艺的复杂性,还会涉及调阀、调泵、分输及启停泵等众多正常工况,另外由于系统的层次性、输送设备的复杂性,以及管道周边环境的变化,泄漏在这些正常工况中呈现关联性、相似性及模糊性。在对管道进行状态进行辨识时,可以把泄漏和工况调节都看作故障。因此,管道故障的这些特性决定了当一种故障发生时会有多种征兆,如压力流量同时变化;反之亦然,一种征兆也可能对应多种故障,如压力的波动可能由不同原因引起。

设管道运行过程中有 n 种故障(工况)原因,分别记为:$Y = \{y_i\}$,$i = 1, 2, \cdots, n$,当某种故障或工况发生时,会产生 m 种征兆,记为:$X = \{x_i\}$,$i = 1, 2, \cdots, m$,当 X, Y 为有限个集合时,故障原因及征兆之间的模糊关系可用 $m \times n$ 矩阵表示:

$$R = \begin{pmatrix} r_{11} & r_{12} & \cdots & r_{1j} & \cdots & r_{1n} \\ r_{21} & r_{22} & \cdots & r_{2j} & \cdots & r_{2n} \\ \vdots & \vdots & & \vdots & & \vdots \\ r_{i1} & r_{i2} & \cdots & r_{ij} & \cdots & r_{1n} \\ \vdots & \vdots & & \vdots & & \vdots \\ r_{11} & r_{12} & \cdots & r_{1j} & \cdots & r_{1n} \end{pmatrix} = (r_{ij})_{m \times n} \qquad (4\text{-}9)$$

式中：m 行表示故障征兆，n 列表示故障原因。$r_{ij} = u(x_i, y_i)$ 表示某故障征兆 x_i 对某故障原因 y_i 的隶属度。矩阵 **R** 称为故障征兆与故障原因的模糊矩阵。

2.故障诊断的模糊聚类分析

模糊聚类分析是通过建立模糊相似关系，对被诊断对象按征兆特征、亲疏程度和相似性进行故障分类的一种数学方法。

4.2.2　信息熵诊断理论

信息熵是由美国数学家香农（Shannon）为解决信息化度量问题而提出的。从信息论角度，信息熵可定义为：假设 M 是一个由可测集合 H 生成的 δ 代数，具有 μ 测度、$\mu(M)=1$ 的勒贝格空间，且空间 M 可表示为其有限划分 $A=\{A_i\}$ 中不相容集合形式，即：$M = \bigcup\limits_{i=1}^{n} A_i$，且 $A_i \bigcap A_j = 0$，$\forall i \neq j$，对于划分 A 的信息熵为

$$S(A) = -\sum_{i=0}^{n} \mu(A_i) \lg \mu(A_i) \qquad (4\text{-}10)$$

式中 $\mu(A_i)$ 为集合 A_i 的测度，$i = 1, 2, \cdots, n$。对某一个系统来讲，信息熵可以表征该系统诸多不确定因素的混乱程度，如果秩序混乱，随机性较大，则此系统的信息熵值较高；反之，如果一个系统是确定的，遵从一定规则，服从一定秩序，则此系统相应的信息熵值较小。另外，信息熵是通过原始数据计算而来的，故对系统不确定程度测量的客观性较高。

信息熵是系统不确定性的定量评价指标，对于系统内在信息具有较强的刻画能力。因此，在故障诊断领域，人们利用信息熵方法提取系统的非平稳状态特征，将其成功应用于机械故障系统的诊断，但在管道泄漏检测中研究相对较少。

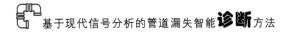

对于相对平稳运行的管道而言,可以根据表征管道各参数状态的信息熵大小及其工作状态来判断管道是否存在工况调节或泄漏。对具体的一条管道来说,可以把管道、输油泵或压缩机组、阀、连接头看作由相互联系、相互作用的多个子系统组成的复杂系统,每个子系统在正常工作时以一定的秩序和规则处于某一稳定状态,使管道运行保持相对稳定状态,相对应的每个子系统都对应一个信息熵值。若某个子系统信息熵值发生变化,说明该系统的有序性和确定性发生了变化,致使系统逐渐变为不稳定状态,那么说明存在工况调节或泄漏,需要进一步进行判别,故可以根据子系统的信息熵值的变化找出故障特征相对应的故障原因。

4.2.3　基于模糊信息熵诊断方法

对于管道系统而言,可以将其视为激励-响应模式,系统的输入参量(系统的激励)可以看作广义通信系统的信源,而将系统的响应看作广义通信系统的信宿,管道系统本身可视为由信源到信宿的通信信道,而对响应进行检测的传感器可以视为广义通信系统中的收信器。当系统激励发生变化时,可看作信源发出信号的变换,而当管道系统内部参数发生变化时,可以看作信道的通信性能的改变。

1.模糊隶属度计算和模糊诊断矩阵的建立

采用模糊理论诊断时,如何保证隶属度的有效性和可靠性是故障诊断的关键,所以为了求取可靠的模糊隶属度和诊断矩阵,需对管道整体运行故障测试数据进行整理和分析。首先对管道四种典型的故障征兆的样本数据进行分析、整理和归纳,由公式(4-4)对经验数据进行处理计算可得隶属度值,进而得到经验诊断矩阵如下:

$$\boldsymbol{R} = (r_{ij})_{4 \times 10}$$

$$= \begin{bmatrix} 0.28 & 0.09 & 0.13 & 0.08 & 0.11 & 0.22 & 0.03 & 0.03 & 0.00 & 0.03 \\ 0.1 & 0.19 & 0.06 & 0.06 & 0.05 & 0.00 & 0.23 & 0.16 & 0.00 & 0.10 \\ 0.25 & 0.05 & 0.11 & 0.15 & 0.05 & 0.02 & 0.16 & 0.10 & 0.09 & 0.02 \\ 0.00 & 0.02 & 0.00 & 0.08 & 0.21 & 0.15 & 0.15 & 0.02 & 0.00 & 0.37 \end{bmatrix}$$

$$(4\text{-}11)$$

2.基于模糊信息熵诊断流程

在基于模糊信息熵的诊断过程中,首先针对现场采集的数据进行预处理,根据式(4-5)计算出每种诊断模型的输出信息熵,共 5 个信息熵值,分别记作 M_1,M_2,…,M_5,为 5 个诊断模型,如表 4-1 所示。

表 4-1　信息熵融合诊断故障原因

故障特征	M_1	M_2	M_3	M_4	M_5
熵　　值	0.979 3	0.927 3	0.895 4	0.771 2	0.836 4

然后用故障征兆所给出的数据组成征兆向量 A 的隶属度函数 $\mu_A(B)$,用经验、统计或实验数据建立故障征兆与故障原因之间的模糊关系 R,最后通过模糊关系方程和逻辑运算求得故障原因 B。根据上述分析,可以得到基于模糊信息熵的管道漏失诊断流程如图 4-5 所示。

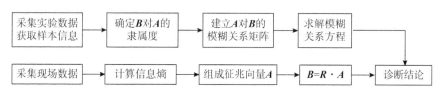

图 4-5　基于模糊信息熵的诊断流程

压力流量信号的过程平稳熵反映了管道系统的运行状态。表 4-2 所示为管道处于不同状态下的压力流量信号的过程平稳熵的统计值。

表 4-2　不同状态下压力流量信号的过程平稳熵

	平稳	小波动	小泄漏	启输	停输	调泵	调阀	分输
上游压力	0.001 2	0.243 8	0.254 8	4.142 0	3.987 1	3.257 8	3.064 2	3.465 7
上游流量	0.007 8	0.217 8	0.212 5	2.562 1	2.721 6	1.240 0	1.453 6	1.232 9
下游压力	0.001 5	0.264 2	0.243 5	3.978 5	3.814 5	3.456 6	3.048 7	3.389 1
下游流量	0.006 5	0.265 9	0.226 6	2.101 8	2.380 8	3.378 5	1.467 2	2.572 8

3.诊断结果分析

由 $Y=X \cdot R$ 可知,输入故障征兆向量 X,可得到故障原因 Y,在征兆向

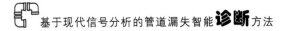

量 **X** 输入时,x_i 只取 0 和 1,如果第 i 个征兆出现时 x_i 取 1,否则,x_i 取 0;再由最大隶属度原则可以诊断出故障原因,为了保证分析诊断的准确性,再将诊断的故障原因与实际的故障原因做比较,如表 4-3 所示。

表 4-3　单一模糊诊断模型的诊断结果

序　号	1	2	3	4	5	6	7	8	9	10
故障特征	$x_2x_3x_4$	x_1x_2	x_1	$x_1x_2x_3$	$x_1x_3x_4$	x_1x_4	$x_1x_2x_3$	x_2x_3	x_3	x_2x_4
诊断原因	y_7	y_4	y_3	y_4	y_5	y_6	y_1	y_8	y_9	y_7
实际原因	y_7	y_4	y_3	y_1	y_5	y_6	y_1	y_8	y_9	y_{10}

由表 4-3 可以看出,诊断结果显示:只有序号 4 诊断有误,其他都正确,误差仅为 10%。这说明,相对于单一的模糊诊断模型,基于模糊信息熵融合诊断模型的准确性和可靠性有所提高,另一方面该模型中的隶属度或诊断矩阵有待进一步修正完善,以进一步提高模型诊断的可靠性。

4.2.4　小结

本节以模糊数学为理论,融合信息熵诊断方法,针对管道故障与其他工况难以辨识的问题,提出了基于模糊信息熵故障诊断方法,并建立了基于模糊信息熵故障融合诊断模型,设计了相应的诊断流程。通过对某成品油管道进行实例分析,在一定程度上验证了所建立的方法和模型的合理性和正确性,为管道的漏失诊断提供了一种参考方法。

4.3　基于随机森林多异源信号融合的管网漏失诊断

本节提出了一种将独立分量分析和随机森林算法相结合的管网漏失诊断方法。利用独立分量分析(independent component analysis)的算法对液体管网各段的负压波信号及流量信号进行降噪,并通过随机森林数据挖掘的方法确定特征参数作为随机森林的输入参数来识别管网运行工况。通过实验分析表明,本节中方法可以有效地识别管网的工况信息,并且具有较高的现场工况判别的判别效率。

4.3.1　基于随机森林融合漏失诊断

随机森林是用随机的方式建立一个决策规则群组,其实质是由一系列的相互独立的决策树组成的分类器,其分类结果由每个生成的决策树投票产生。

随机森林的两个随机策略如下:

(1)在建立随机森林分类器的程序中,使用无权重抽样的套袋(bagging)抽样方法。在整体样本集 D 中,单个样本未被进行训练的概率为 $(1-1/N)^N$,其中 N 为整体样本集 D 中样本的总数。当样本的总数足够大时,未被抽取的概率将收敛于 $1/e \approx 36.8\%$。每次随机抽样均放回抽样,子训练集中的样本会因此存在一定的重复性,采用这样的方法是为了避免随机森林中的决策树产生的决策局部最优现象。由于随机取样而未被抽取的样本可以视作一个内部估计计算袋外 OOB(out-of-bag)值,可以用来评估随机森林的相关性和强度。

(2)在构建每一棵决策树的过程中,需要注意采样与完全分裂。从全部特征中,挑选部分特征作为节点分裂的候选参数。计算得出样本子集在每个候选节点上的基尼系数。对应每个样本子集上都构建一个决策树。分裂基尼系数最大的候选属性,之后重新计算基尼系数。重复分裂直到基尼系数小于指定阈值。

由于上述的随机决策保证了抽样和分裂的随机性,所以即使分支不进行裁剪,也不容易发生过拟合的情况。在建立得到随机森林模型之后,当有新输入样本作为输入的时候,都会经过所有决策树开始分类然后根据决策树的分类结果集投票判断最终结果。

设决策树 $h_k(x)$ 中的袋外的样本集为 $O_k(x)$。$Q(x, y_j)$ 为输入样本 x 在 $O_k(x)$ 中经过分类器投票的判别结果为 y_j 的比例:

$$Q(x, y_j) = \frac{\sum\limits_{k=1}^{K} I((h_k(x) = y_j), (x, y) \in O_k)}{\sum\limits_{k=1}^{K} I(h_k(x), (x, y) \in O_k)} \qquad (4\text{-}12)$$

边缘函数：

$$\mathrm{mr}(\boldsymbol{X}, \boldsymbol{Y}) = P(h_k(\boldsymbol{X}) = \boldsymbol{Y}) - \max_{\substack{j \neq Y \\ j=1}}^{c} P(h_k(\boldsymbol{X}) = j) \qquad (4\text{-}13)$$

随机森林的强度为边缘函数的期望,即

$$s = E(\mathrm{mr}(\boldsymbol{X}, \boldsymbol{Y})) = E(P(h_k(\boldsymbol{X}) = \boldsymbol{Y}) - \max_{\substack{j \neq Y \\ j=1}}^{c} (h_k(\boldsymbol{X}) = j))$$
$$\qquad (4\text{-}14)$$
$$= \frac{1}{n} \sum_{i=1}^{n} (Q(x_i, y) - \max_{\substack{j \neq Y \\ j=1}}^{c} Q(x_i, j))$$

决策树间的平均相关度为边缘函数的方差与标准差的平方的比值,即

$$\overline{\rho} = \frac{\mathrm{var}(\mathrm{mr})}{\mathrm{sd}(h(*))^2} = \frac{\dfrac{1}{n} \sum\limits_{i=1}^{n} (Q(x_i, y) - \max\limits_{\substack{j \neq Y \\ j=1}}^{c} Q(x_i, \mathrm{y}_j))^2 - s^2}{\left(\dfrac{1}{k} \sum\limits_{u=1}^{k} \sqrt{p_u + \overline{p}_u + (p_u - \overline{p}_u)^2}\right)^2} \qquad (4\text{-}15)$$

其中:

$$p_k = \frac{\sum\limits_{(x_i, y) \in O_x} I(h_k(x) = y)}{\sum\limits_{(x_i, y) \in O_x} I(h_k(x))} \text{ 作为 } p(h_k(x) = y) \text{ 的袋外估计;}$$

$$\overline{p}_k = \frac{\sum\limits_{(x_i, y) \in O_x} I(h_k(x_i) = \overline{\mathrm{y}}_j)}{\sum\limits_{(x_i, y) \in O_x} I(h_k(x_i))} \text{ 作为 } p(h_k(x) = \overline{\mathrm{y}}_j) \text{ 的袋外估计;}$$

$\overline{\mathrm{y}}_j$ 为在训练集中使 $Q(x, y_j)$ 估计值最大的与 $\boldsymbol{Y}$ 类别不同的类别。

$$\overline{\mathrm{y}}_j = \arg \max_{\substack{j \neq Y \\ j=1}}^{c} Q(x, y_j)$$

图 4-6 为随机森林漏失判别示意图。

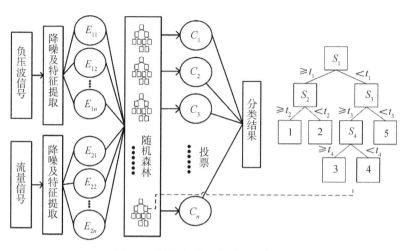

图 4-6　随机森林漏失判别示意图

样本经过每个随机森林中的决策树,都会返回其袋外误差估计。将随机森林中全部决策树的袋外误差估计做均值计算,就可以获得整个森林的泛化误差估计。Breiman 通过实验证明,袋外估计是无偏估计。分类器组合的泛化误差在采用交叉验证(cross-validation)估计时,可能引起计算量十分庞大的现象,进而导致随机森林的运行效率变低的问题。与交叉验证相比较,袋外估计可以提升效率,并且其验证结果与交叉验证的结果相近。

4.3.2　实验分析

1.随机森林管道漏失诊断和特征优选

在模拟液体管网泄漏判别实验中,利用六段模拟泄漏管道组成仿真实验管网,由水泵、阀门和金属管道等部件构成管道泄漏实验装置(见图 4-7)。采集信号传感器采用负压波传感器及流量传感器。

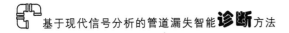

图 4-7　模拟泄漏孔测试点

　　管道的工况判别结果分为 5 类:正常、分输、调阀、传感器上游泄漏与传感器下游泄漏。采用 60 组 5 种不同工况样本数据作为原始数据进行 ICA 降噪处理并提取特征。原始信号与 ICA 降噪信号见图 4-8。

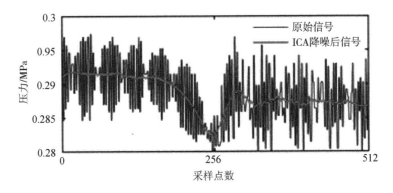

图 4-8　原始信号与 ICA 降噪信号

　　将单点的负压波信号及流量信号降噪后选取平均值、裕度因子、方差值、均方根、脉冲因子、峭度、峰值、波形指标、峰-峰值及方根幅值特征参数作为输入可以构建管段随机森林。

　　如表 4-4 所示,根据混淆矩阵可以看出该随机森林分类的准确率为93%,其中上游泄漏判别的准确率为 100%,下游泄漏判别的准确率为 90%。

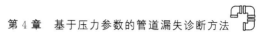

表 4-4　单管段融合诊断结果混淆矩阵

标签	正常	分输	调阀	上游泄漏	下游泄漏
正常	20				
分输	1	18	1		
调阀	2		17		1
上游泄漏				20	
下游泄漏	1	1			18

图 4-9 中:F1 为峰-峰值、F2 为脉冲因子、F3 为均方根、F4 为方根幅值、F5 为峭度、F6 为波形指标、F7 为平均幅值、F8 为裕度因子、F9 为平均值、F10 为峰值。

从图 4-9 中可以看出不同的特征参数对随机森林分类的影响大小不同,筛选出其中较大者可以简化特征向量输入,优化计算的复杂程度。其中负压波特征相比流量特征占主导地位。

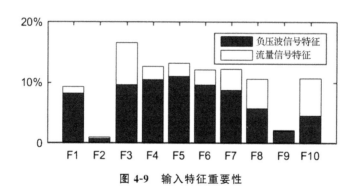

图 4-9　输入特征重要性

数据挖掘是从大量数据中提取隐含有效信息的方法,利用文献[70]中数据挖掘的聚类算法可以从体现该管道负压波中的许多特征类型中,挖掘出平均幅值、均方根、方根幅值、裕度因子和峭度等特征,它们最能体现出此管道环境下的压力波动特性,即最优特性。

可以从体现该管道流量中的许多特征类型中,挖掘出平均幅值、均方根、

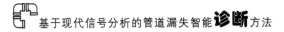

峰值、峭度等最能体现出此管道环境下流量波动特性。

可以发现图中重要性靠前的特征与聚类算法数据挖掘出的优选特征大致相同。文献[70]的实例也可以说明经过随机森林提取的重要特征具有一定的适应性。

2.随机森林管网漏失诊断

管网的工况判别结果为各段管道是正常或是泄漏。采用 60 组 6 段管道的泄漏样本数据和 60 组正常工况样本数据作为原始数据。

将各点的负压波数据及流量数据降噪后,参照上述方法选取管网随机森林特征重要程度靠前的特征,负压波信号特征选取平均幅值、均方根、方根幅值、裕度因子和峭度,流量信号特征选取均方根、峰值和裕度因子,构建管网漏失诊断随机森林。

随机森林管网的参数选择:随机树数量 ntree 设置为 300,随机属性数 mtry 设置为 10。随机森林管网融合诊断结果混淆矩阵见表 4-5。

表 4-5   随机森林管网融合诊断结果混淆矩阵

标签	正常	1泄漏	2泄漏	3泄漏	4泄漏	5泄漏	6泄漏
正常	20						
1泄漏	1	19					
2泄漏		1	19				
3泄漏				20			
4泄漏				2	17	1	
5泄漏	1				1	18	
6泄漏							20

为了验证随机森林管网漏失诊断模型的工况判别准确率以及运行效率,将随机森林(RF)管网诊断与输入特征相同的反向传播神经网络(BPNN)、SVM-DS 融合决策模型进行对比实验,并将 ICA 降噪随机森林管段诊断与输入特征数量相同的基于小波包变换(wavelet packet transform,WPT)提取各频带能量值的随机森林管段诊断进行对比实验。实验结果见表 4-6。

表 4-6　不同算法泄漏判别准确率及用时

SVM-DS		BPNN		ICA-RF 管网		ICA-RF 管段		WPT-RF 管段	
准确率	运行时间	准确率	运行时间	准确率	运行时间	准确率	运行时间	准确率	运行时间
90%	0.68s	92.8%	1.05s	95%	0.53s	92.8%	0.16s	90%	0.17s

　　RF 管网漏失诊断的准确率相对于 SVM-DS 模型和 BPNN 模型分别高出 5% 与 2.2%,在运行效率方面上,RF 管网诊断模型比较接近于 SVM-DS 模型,较 BPNN 模型运行时间更为短暂。由于管网各段传感器中蕴含着泄漏的时间和能量信息,RF 管网诊断模型与 RF 管段诊断模型相比工况判别准确率较高,但时间耗费会增加。

4.3.3　小结

　　本节利用随机森林算法融合了经独立分量分析降噪的负压波信号和流量信号对各管段及管网进行工况判别。①随机森林融合分类算法是由数据传动的非参数分类方法,不需要人为选择过多参数,将随机森林融合分类模型应用到管网漏失诊断的分类过程中,与 DS 决策及 BP 神经网络等方法进行对比,该判别模型的判别准确率和辨识效率都能比较好地满足管网现场工况检测的应用要求。②特征经过随机森林算法后会返回其 OOB 估计,进而得到特征之间的重要程度关系,起到特征数据挖掘的作用,使用经过随机森林挖掘后的特征可以降低随机森林输入数据的复杂程度。

4.4　基于多元支持向量机的管道泄漏识别方法

　　利用负压波原理的液体管道泄漏诊断,关键是对引起压力信号波动的原因进行准确判别,实际测试中,管道瞬变波动样本特别是泄漏样本的获取往往非常有限,因此,必须寻求建立一种小样本情形下的管道泄漏识别模型。本节提出一种基于多元支持向量机(multi-support vector machine,MSVM)

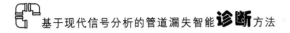

的管道泄漏检测方法,并建立了相应的泄漏识别模型,它能在较短时间和较少样本情形下完成模型的训练工作,从而实现复杂工况下管道泄漏信号的正确识别。

4.4.1 支持向量机原理

和传统统计学相比,统计学习理论(statistical learning theory,SLT)是一种专门研究小样本情况下机器学习规律的理论。该理论针对小样本统计问题建立了一套新的理论体系,不仅考虑了对渐进性能的要求,并且追求在有限信息的条件下得到最优结果。也由于神经网络等学习方法在理论上缺乏实质性的进展,统计学习理论开始受到越来越广泛的重视。Vapnik 等人从 20 世纪 60 年代开始致力于这方面的研究,在统计学习理论的基础上发展出了一种新的机器学习方法——支持向量机(support vector machine,SVM),已成为目前机器学习和数据挖掘领域的标准工具。

支持向量机的基本思想是基于结构风险最小原则(SRM)根据有限的样本信息在模型的复杂性和学习能力之间寻求最佳折中,以期获得最好的推广能力,是统计学习理论中最"年轻"的内容。而且,只要定义不同的核函数,就可以实现其他现有的学习算法。因此,支持向量机不仅结构简单,而且技术性能尤其是推广能力明显较高,具有很强的学习能力和泛化性能,能够较好地解决小样本、高维数、非线性、局部极小等问题,可以有效地进行分类、回归、密度估计等。由于能够解决好小样本学习问题,而且在应用到目标分类与识别上时取得了很好的结果,所以已经在众多领域取得了成功的应用。目前,支持向量机已经成功地应用于三维物体识别、时间序列分析、遥感图像分析、人脸检测等诸多方面。

1.支持向量机

支持向量机方法是统计学习理论中最"年轻"的部分,其主要内容在 1992—1995 年间才基本完成,目前仍处在不断发展阶段。可以说,统计学习理论之所以从 20 世纪 90 年代以来受到越来越多的重视很大程度上是因为它发展出了支持向量机这一通用学习方法。支持向量机较好地实现了结构风险最小化的设计思想。

1）支持向量机算法

（1）线性可分情形

支持向量机理论是针对二类模式识别问题提出的,理论框架直到 20 世纪 90 年代中期才基本建立起来,其基本思想可用图 4-10 说明。图中的圆圈和三角形分别代表两类样本,H 为分类线,H_1,H_2 分别为过各类样本中离分类线最近的样本且平行于分类线的直线,它们之间的距离叫作分类间隔,H_1,H_2 上的样本称为支持向量（support vector）。所谓最优分类线就是要求分类线不但能将两类样本正确分开（训练错误率为 0）,而且使分类间隔最大。

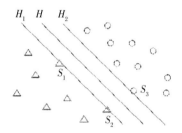

图 4-10　二维线性可分最优分类平面

对于两类模式识别问题,设有 n 个线性可分的样本 x_i 及其所属类别 y_i,表示为 (x_i, y_i),$x_i \in \mathbf{R}^d$,$y_i \in \{-1, 1\}$,$i = 1, 2, \cdots, n$。D 维空间中线性判别函数的一般形式为 $g(x) = \boldsymbol{w} \cdot \boldsymbol{x} + b$,分类面方程为

$$\boldsymbol{w} \cdot \boldsymbol{x} + b = 0 \tag{4-16}$$

对判别函数进行归一化,使两类中离分类面最近的样本的 $|g(x)| = 1$,这样分类间隔就等于 $2/\|\boldsymbol{w}\|$。因此,使间隔最大,也就是使 $\|\boldsymbol{w}\|$ 最小;要求分类线对所有样本正确分类,就是要求它满足:

$$y_i(\boldsymbol{w} \cdot \boldsymbol{x}_i + b) - 1 \geqslant 0 \quad i = 1, 2, \cdots, n \tag{4-17}$$

这样最优分类面问题就可以表示成在式（4-17）的约束下求函数

$$\varphi(\boldsymbol{w}) = \frac{1}{2} \|\boldsymbol{w}\|^2 = \frac{1}{2} (\boldsymbol{w} \cdot \boldsymbol{w}) \tag{4-18}$$

的最小值。为此,可以定义如下的 Lagrange 函数:

$$L(\boldsymbol{w}, b, a) = \frac{1}{2}(\boldsymbol{w} \cdot \boldsymbol{w}) - \sum_{i=1}^{n} a_i \{ y_i [(\boldsymbol{w} \cdot \boldsymbol{x}_i) + b] - 1 \} \tag{4-19}$$

式中，$a_i > 0$ 为 Lagrange 乘子。问题是对 w 和 b 求 Lagrange 函数的极小值。把这个问题转化为如下的对偶问题：即在约束条件

$$\sum_{i=1}^{n} y_i a_i = 0, \text{和 } a_i \geqslant 0, i = 1, 2, \cdots, n \tag{4-20}$$

之下对 a_i 求下列函数的最大值：

$$Q(a) = \sum_{i=1}^{n} a_i - \frac{1}{2} \sum_{i,j=1}^{n} a_i a_j y_i y_j (\boldsymbol{x}_i \cdot \boldsymbol{x}_j) \tag{4-21}$$

这是一个不等式约束下二次函数极值问题，存在唯一解 a_i^*，且根据约束最优化问题的 KKT(karush kuhn tucker)条件可知上述问题的解需满足：

$$a_i [y_i (\boldsymbol{w} \cdot \boldsymbol{x}_i) + b] - 1 = 0, i = 1, 2, \cdots, n \tag{4-22}$$

即对于大多数样本 a_i^* 将为零，只有对支持向量 a_i^* 不为零，求解上述问题得到的最优分类函数为

$$F(x) = \mathrm{sgn}\{(\boldsymbol{w}^* \cdot \boldsymbol{x}_i) + b^*\} = \mathrm{sgn}\left\{\sum_{i=1}^{n} a_i^* y_i (\boldsymbol{x}_i \cdot \boldsymbol{x}) + b^*\right\} \tag{4-23}$$

式中，$\mathrm{sgn}(\cdot)$ 为符号函数。由于非支持向量对应的 a_i^* 均为零，因此上式中求和实际上只是对支持向量进行的。而 b^* 为分类的阈值，可由任意一个支持向量用式(4-17)在等号成立时求得，或者通过两类中任意一对支持向量取平均值得到。

(2)非线性可分情形

在实际应用中，我们常常碰到的是非线性可分情形。如在管道压力波动信号检测中，压力波动情况比较复杂时通常要用多个特征参数对其进行描述，才能较完整地表达其信息以便区分不同工况下的压力波动信号，如在第 2 章中，在对原油集输管道压力波动分析中，我们通过数据挖掘方法，最终决定采用平均幅值、均方根、方根幅值、裕度因子、峭度、峭度因子等六个指标描述管道压力波动信号。而含有多个特征向量参数的分类识别必然涉及非线性数据的划分问题。

在非线性可分的情况下，可以在条件式(4-17)中加入一个松弛变量，变成 $\xi_i \geqslant 0$：

$$y_i (\boldsymbol{w} \cdot \boldsymbol{x}_i + b) - 1 + \xi_i \geqslant 0 \quad i = 1, 2, \cdots, n \tag{4-24}$$

将目标改为使

$$\varphi(\boldsymbol{w},\boldsymbol{\xi}) = \frac{1}{2}(\boldsymbol{w}\cdot\boldsymbol{w}) + C\left(\sum_{i=1}^{n}\boldsymbol{\xi}_i\right) \geqslant 0 \tag{4-25}$$

最小。即折中考虑分类误差和最大分类间隔,就可得到广义最优分类面。其中,$C \geqslant 0$ 为一个常数,用来控制分类误差与推广性能的平衡。用与求解最优分类面同样的方法求解这一优化问题,同样得到一个二次函数极值问题,其结果与可分情况下得到的式(4-20)~(4-23)几乎完全相同,只是约束条件式(4-20)中的 a_i 应满足:

$$\sum_{i=1}^{n} y_i a_i \geqslant 0, 0 \leqslant a_i \leqslant C, i = 1,2,\cdots,n \tag{4-26}$$

在模式识别时,对于非线性可分的样本分类问题,一种很自然的方法就是通过非线性变换方法[形式如 $z = \varphi(x)$]把原来的低维特征空间映射到高维空间,使得在高维空间样本是可分的,因此可用线性判别函数实现分类。但是这往往是以牺牲计算量为代价的,当映射后的空间维数很高时,实际上是不可实现的。

　　从广义最优分类面的讨论中,可以看出其最终的分类判别函数式(4-23)中只包含待分类样本与训练样本中支持向量的内积运算 $(\boldsymbol{x}_i,\boldsymbol{x})$,同样,其对偶目标函数式(4-22)中也只涉及训练样本之间的内积运算。也就是说,要解决一个特征空间的广义最优线性分类问题,我们只需要知道这个空间中的内积运算即可。因此,当我们要解决高维特征空间的广义分类问题时,也只需知道高维空间的内积运算即可,我们根本不需要知道把低维空间映射到高维空间的具体变换形式。并且只要变换空间的内积运算可以用原空间中的变量直接计算,即使变换空间的维数增加很多,在其中求解最优分类面的问题也不会增加多少计算复杂度。

　　这样,我们只要定义变换后的内积运算,而不必真的进行这种变换。统计学习理论指出,根据 Hilbert-Schmidt 原理,只要一种运算满足 Merccr 条件,它就可以作为这里的内积使用。

　　Mercer 条件:对于任意的对称函数 $K(\boldsymbol{x},\boldsymbol{x}')$,它是某个特征空间中的内积运算的充分必要条件是:对于任意的 $\varphi(\boldsymbol{x}) \neq 0$,且 $\int \varphi^2(\boldsymbol{x})\mathrm{d}\boldsymbol{x} < \infty$,有

$$\iint K(\boldsymbol{x},\boldsymbol{x}')\varphi(\boldsymbol{x})\varphi(\boldsymbol{x}')\mathrm{d}\boldsymbol{x}\,\mathrm{d}\boldsymbol{x}' > 0 \tag{4-27}$$

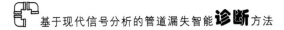

这一条件并不难满足。其中 x' 表示特征向量 x 的转置。

如果用内积函数 $K(x,x')$（或称核函数）代替最优分类面中的点积，就相当于把原特征空间变换到了某一新的特征空间，此时式(4-21)的优化函数就变为

$$Q(a) = \sum_{i=1}^{n} a_i - \frac{1}{2} \sum_{i,j=1}^{n} a_i a_j y_i y_j K(x_i \cdot x_j) \qquad (4\text{-}28)$$

而相应的判别函数式(4-23)也变为

$$F(x) = \mathrm{sgn} \left[\sum_{i=1}^{n} a_i^* y_i K(x_i \cdot x) + b^* \right] \qquad (4\text{-}29)$$

算法的其他条件(4-26)不变,这就是非线性情形下的支持向量机。

在多维参数分类识别过程中,大多涉及的是非线性情况。因此,支持向量机的基本思想可以概括为:首先通过非线性变换将输入空间变换到一个高维的空间,然后在这个新空间中求最优线性分类面,而这种非线性变换是通过定义适当的内积函数实现的。在这里,统计学习理论使用了与传统方法完全不同的思路,即不是像传统方法那样首先试图将原输入空间降维(即特征选择和特征变换),而是设法将输入空间升维,以求在高维空间中使问题变得线性可分(或接近线性可分),因为升维后只是改变了内积运算,并没有使算法复杂性随着维数的增加而增加,而且在高维空间中的推广能力并不受维数影响。

支持向量机求得的分类函数形式上类似于一个神经网络,其输出是若干中间层节点的线性组合,而每个中间层节点对应于输入样本与一个支持向量的内积,因此也被叫作支持向量网络,其结构示意图如图 4-11 所示。图中 $x = [x_1, x_2, \cdots, x_d]$ 为输入向量。$x_1, x_2, \cdots, x_N$ 为 N 个支持向量,而中间层则是基于 N 个支持向量的非线性变换。该学习机的复杂程度取决于支持向量的数量,而不是特征空间的维数。支持向量通常只占学习样本数的一小部分,因此这种网络的计算工作量较小,计算速度较快。

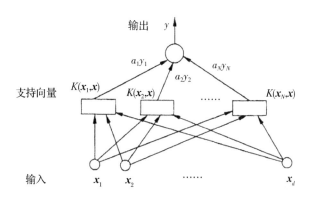

图 4-11　支持向量机结构图

2）核函数

选择满足 Mereer 条件的不同内积核函数，就构造了不同的支持向量机，这样也将形成不同的算法，目前研究最多的核函数主要有三类，分别为

（1）多项式函数

$$K(\boldsymbol{x}, \boldsymbol{x}_i) = [(\boldsymbol{x}, \boldsymbol{x}_i) = 1]^q \tag{4-30}$$

此时得到的支持向量机是一个 q 阶多项式分类器，当 $q=1$ 时，它构成线性分类器。

（2）径向基函数（RBF）

$$K(\boldsymbol{x}, \boldsymbol{x}_i) = \exp\{-\gamma \|\boldsymbol{x} - \boldsymbol{x}_i\|^2\} \tag{4-31}$$

它构成的是径向基函数分类器。

（3）Sigmoid 函数

$$K(\boldsymbol{x}, \boldsymbol{x}_i) = \tanh[v(\boldsymbol{x}_i, \boldsymbol{x}) + c] \tag{4-32}$$

它构成了传统的两层神经网络。另外还有非齐次多项式和 β 样条核函数等。

核函数、映射函数以及特征空间是一一对应的，通过选择合适的核函数，就隐含地确定了映射函数和特征空间。尽管特征空间的维数可能非常巨大（比如 RBF 核函数所对应的特征空间维数为无穷），但事实上所有基于核函数的方法所处理的都只是由所有样本在特征空间中的映射构成的一个子空间（称其为数据子空间）。如果训练样本总数为 M，则数据子空间的维数最大

为 M。数据子空间的实际维数决定了支持向量机 VC 维的上限,同时对于给定的数据,在每一个数据子空间存在唯一的一个最优分类超平面,如果数据子空间的维数太高,则它对应的最优分类面就可能比较复杂,经验风险小,但置信范围大,反之亦然。由统计学推广性的界(经验风险与实际风险的关系)可知,这两种情况下得到的支持向量机都不会有很好的推广能力,只有首先选择合适的核函数将数据投影到合适的特征空间,才可能得到推广能力良好的 SVM 分类器。

实验表明不同的核函数往往可以得到非常相近的分类准确性和支持向量集合,从这个意义上可以说支持向量机在某种程度上独立于核函数的类型,但核函数的参数对支持向量机的性能会有很大影响。

2.支持向量机的特点

支持向量机提供了解决算法可能导致的"维数灾难"问题的方法:在构造判别函数时,不是对输入空间的样本做非线性变换,然后在特征空间中求解;而是先在输入空间比较向量(例如求点积或是某种距离),对结果再做非线性变换。这样,大的工作量将在输入空间而不是在高维特征空间中完成。

同时,支持向量机的推广性也是与变换空间的维数无关的,只要能够适当地选择一种内积定义,构造一个支持向量数相对较少的最优或广义最优分类面,就可以得到较好的推广性。

总体来说,支持向量机方法的优点主要包括以下几点:

(1)算法专门针对有限样本情况,得到的是现有信息下的最优解,而不仅仅是样本数趋于无穷大时的最优值;

(2)算法最终将转化成为一个约束条件下的二次型寻优问题,从理论上说,得到的将是全局最优点,解决了在神经网络方法中无法避免的局部极值问题;

(3)算法具有强大的非线性和高维处理能力,保证了较好的推广能力,并解决了维数问题,其算法复杂度与样本维数无关,只取决于支持向量的个数;

(4)算法在很大程度上解决了模型选择、过学习、非线性、维数灾难等问题。

3.与神经网络分类方法比较

在神经网络模型中,如果有充足的训练样本,并通过选择合理模型对其进行学习训练,足以记住每一个训练过的样本,此时经验风险很快就可以收敛到很小甚至零,但我们却根本无法保证它对未来新的样本能够得到好的预测。这就是有限样本下学习机器的复杂性与推广性之间的矛盾。在很多情况下,即使我们已知问题中的样本来自某个比较复杂的模型,但由于训练样本有限,用复杂的预测函数去学习,对样本进行学习的效果通常也不如用相对简单的预测函数,当有噪声存在时就更是如此。从这些讨论我们可以得出以下基本结论:在有限样本情况下经验风险最小并不一定意味着期望风险最小;有限样本情况下学习精度和推广性之间的矛盾似乎是不可调和的,采用复杂的学习机器容易使学习误差更小,但却往往丧失推广性。因此,人们研究了很多弥补办法,比如在训练误差中对学习函数的复杂性进行惩罚;或者通过交叉验证等方法进行模型选择以控制复杂度等,使一些原有方法得到了改进。但是,这些方法多带有经验性质,缺乏完善的理论基础。在神经网络研究中我们对具体问题可以通过合理设计网络结构和学习算法达到学习精度和推广性的兼顾,但却没有任何理论指导我们如何做。而在模式识别中,人们更趋向于采用线性或分段线性等较简单的分类器模型。时至今日,神经网络已经在模式识别、函数逼近、故障诊断等领域取得了一定的成果。然而,神经网络的基础为传统统计理论,具有一些不可克服的缺点和不足,其中最直接的问题就是推广能力不足,存在过学习问题,在学习样本不完备的情况下难以得到准确的诊断结论,不能很好地解决实际现场中的小样本问题。

支持向量机是专门针对有限样本情况的,其目标是得到现有信息下的最优解而不仅仅是样本数趋于无穷大时的最优值,它用结构风险最小化代替经验风险最小化,较好地解决了小样本的学习问题。从理论上说,支持向量算法得到的将是全局最优点,解决了神经网络方法始终无法避免的局部极值问题。故障发生本身属小概率事件,样本一般较少,每类故障少的可能只有几个。所以,可以说支持向量机用于故障分类识别与诊断领域更能显示它的优良特性。

4.4.2 多元支持向量机识别模型

从前面介绍可以看到,SVM 是针对二元分类问题设计的学习机器,不能直接用来解决多元分类问题。但是,就设备状态监测与故障诊断领域而言,通常要同时解决多种类型故障的识别问题,因而需要的是多元分类器。例如,在管道泄漏诊断识别中,主要难点就是对泄漏、调阀、调泵引起的相似波动进行准确区分。也就是说,需要采取一定的方法将 SVM 由二元分类扩展到多元分类。

虽然基本的 SVM 算法是针对两类的分类问题,但是如果加以推广可以解决多类分类问题。多类分类问题可以表述为:给定属于 k 类的 m 个训练样本 $(x_1, y_1), \cdots, (x_m, y_{1m})$,其中 $x \in \mathbf{R}^n, i=1,2,\cdots, m$ 且 $y_i = \{1, \cdots, k\}$,要通过上述训练样本构造一个分类函数,使对未知样本 x 进行分类时的错误概率(或者造成的损失)尽可能小。

对于多类问题,构造 SVM 多类分类器的方法主要有两类:

一类是以 Weston 在 1998 年提出的多类算法为代表。这个算法在经典 SVM 理论的基础上,重新构造多值分类模型,通过 SV 方法对新模型的目标函数进行优化,实现多值分类。通过求解该最优化问题"一次性"地实现多类分类,缺点是这类算法选择的目标函数十分复杂,实现困难,计算复杂度也非常高。当样本数据非常大时,训练速度和分类精度都存在突出问题。优点是得到决策分类面的支持向量数量均比常规方法少。

第二类构造方法的基本思想是通过组合多个两类分类器实现多值分类器的分类。目前此类方法主要有以下几类算法:

1.1 对多算法(one-versus-rest,简称 1-v-r)

1 对多算法由 Vapnik 提出,其基本思想是,针对 N 类问题构造 N 个两类分类器,用一个两类 SVM 分类器将每类与其他所有类别区分开来,得到 N 个分类函数。分类时将未知样本分类为具有最大分类函数值的那类。其缺点是它的推广误差无界。

2.1 对 1 算法(one-versus-one,简称 1-v-1)

1 对 1 算法由 Kressel 提出,该算法在每两类间训练一个分类器,因此对于一个 k 类问题,将有 $k(k-1)/2$ 个分类函数。当对一个未知样本进行分类时,每个分类器都对其类别进行判断,并为相应的类别"投上一票",最后得票最多的类别即作为该未知样本的类别。这种策略称为"投票法"。

3.决策导向无环图算法(decision directed acyclic graph,DDAG)

对于 1-v-1 算法,Platt 引入图论的思想提出 DDAG 算法,在训练阶段 DDAG 和 1-v-1 投票一样,也要构造出每两类间的分类面,即有 $k(k-1)/2$ 个分类器。但是在分类阶段,该方法将所用分类器构造成一种两向有向无环图,包括 $k(k-1)/2$ 个节点和 k 个"叶"。其中每个节点为一个分类器,并与下一层的两个节点(或者叶)相连。当对一个未知样本进行分类时。首先从顶部的根节点开始,根据根节点的分类结果用下一层中的左节点或者右节点继续分类,直到达到底层某个叶为止,该叶所表示的类别即未知样本的类别。它的优点是泛化误差只取决于类数 N 和节点上的类间间隔,而与输入空间的维数无关,它的速度比通用算法或最大算法(Max Wins)快。

4.4.3　基于多元支持向量机的管道泄漏识别方法

引起管道参数信号波动原因有很多,可能是泄漏造成,也可能是由调泵、调阀或其他工况造成,一般来说,后者是主要原因。第 3 章已分析,调泵调阀等工艺操作引起的压力波动有时与泄漏产生的波动极其相似,如图 4-12 所示。应用负压波法进行泄漏诊断,主要难点就是如何准确地将这几类波动区分开来。基于神经网络的诊断方法需要用大量的状态样本对模型进行训练,才能得到较为可靠的模型。然而,在实际样本收集过程中,采集到的各种状态的波动样本十分有限,尤其是泄漏样本的收集十分困难,有时需要动用大量的人力和财力做模拟泄漏实验来获取泄漏样本。而且,不同的管道,其运行状态和方式也不一样,加之测试时间非常有限,有条件获取其他特征样本的数量也十分有限。这极大地限制了检测模型在模式分类过程中对训练样本的需求。这是本书之所以建立基于支持向量机的状态识别模型的主要原因。

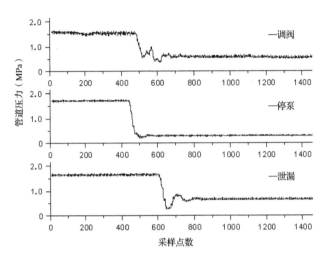

图 4-12 不同工况下压力波形

1.基于多元支持向量管道状态分类模型的建立

支持向量机在分类问题上只考虑了二值分类的简单情况,在解决多种波动状态识别等多值性问题时,需要建立多元支持向量机以实现多类识别。4.3.2 小节中已经介绍了几种多类分类算法。目前比较成熟的是"一对多"(one against one all model)策略和"一对一"(one against one model)策略。在测试时,使用成对的 SVM 进行鉴别比较,每次淘汰一个 SVM 分类器,而优胜者则继续竞争淘汰,直到最后仅剩一个优胜者。该优胜 SVM 分类器的输出决定测试数据的类别。由于类似泄漏波动波形识别研究中,类似的工况类别数不多,一般为调阀(阀门调小或关闭)和调泵(主要是某泵输量调小或停输)。因此,笔者将把重点放在调泵、调阀与泄漏引起波动的区分上,本节选择用"一对多"策略来研究波动状态识别问题。

建模过程中,将调泵和调阀引起的压力波动样本分别作为一类,泄漏引发的波动样本作为一类,以此三类为目标来构造多元支持向量机(multi-support vector machine,MSVM)分类器。具体方法为:对每种波动样本构造一个 SVM,如图 4-13 所示。要对调泵、调阀、泄漏这 3 种波动进行识别,应把输入样本 X 依次通过 3 个 SVM。因此,系统的输出是一个 3 维向量,每个分量表示样本是否对应该种工况。该方法有很好的推广性,对于已经训练好的

SVM,只要输入待识别的波形特征样本就可以识别出其波动原因。

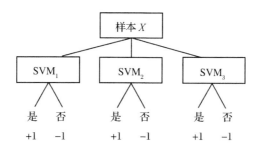

图 4-13　管道不同工况识别模型

从上述分析可知,每种波动信号之间是相互独立的,而且 SVM 构造方法一样,下面只以泄漏波动为例。首先,建立 SVM_1 分类模型,当输入为泄漏样本时,分类器输出为 +1,对于调泵调阀样本,输出为 −1。然后对 SVM_1 进行训练,得到最优参数。其他两个 SVM 可同理构造,三个 SVM 便组成了 MS-VM 分类模型。对于有复杂工艺操作的输油管道,可能还会有其他的类似泄漏波动的因素存在,只需获取对应样本,增加 SVM 即可,方法同上。

2.实验方法及步骤

基于 MSVM 的管道泄漏检测模型工作过程分为模型训练和识别两个阶段,如图 4-14 所示。

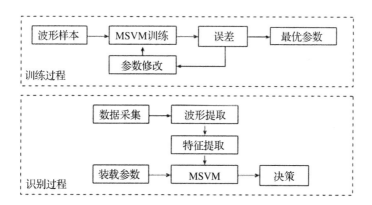

图 4-14　基于 MSVM 的泄漏检测模型

通过已知的正常和各种故障状态下的特征样本对 SVM 进行训练,找到样本中的支持向量,据此确定最优分类超平面。然后,测试集样本根据最优分类面做出分类决策。下面给出 SVM 应用于故障识别中的具体实施算法:

1)学习阶段:

步骤 1:根据专家经验或动态聚类结果建立训练样本集 $\{x_i, y_i\}, y_i \in \{-1, +1\}$。

步骤 2:选择合适的核函数 $K(x_i, x_i)$ 及有关参数,作为高维特征空间在低维输入空间的一个等效形式,选择的依据是 Mercer 定理。核函数通常选择多项式函数、径向基函数或 Sigmoid 函数等。

步骤 3:输入样本正规化。目的是将输入数据标定在 Kernel 核函数要求的范围之内,例如,对于多项式、径向基、Sigmoid 函数将 x 规定在 $[-1,1]$ 内。

步骤 4:构造 Kernel 矩阵 $\boldsymbol{H}(n, n)$。

步骤 5:在约束条件 $\sum\limits_{i=1}^{n} \alpha_i y_i = 0, 0 \leqslant \alpha_i \leqslant C$ 下,最大化

$$Q(a) = \sum_{i=1}^{n} a_i - \frac{1}{2} \sum_{i,j=1}^{n} a_i a_j y_i y_j K(\boldsymbol{x}_i \cdot \boldsymbol{x}_j) \tag{4-33}$$

以求解 Lagrange 系数 α,这是通过将输入空间映射为高维特征空间,然后在低维输入空间运用高维特征空间的内积的等效形式——Kernel 核函数实现的。已经提出了几种快速算法解决这个问题。C 值的选择可以控制是完全可分情况或不可分情况下的推广特性。

步骤 6:找出支持向量 sv,求解分类超平面系数 b。

步骤 7:建立训练数据的最优决策超平面,完成训练过程。

2)新故障模式的识别阶段

步骤 1:装入 SVM 学习阶段的有关数据(包括训练数据 $\{x_i, y_i\}, \alpha, b$ 以及支持向量 sv);

步骤 2:根据式 $f(x') = \sum\limits_{i=1}^{m} y_i \alpha_i K(x_i, x') - b$,计算新输入特征数据 x' 决策输出值;

步骤 3:利用指示函数将 $f(x')$ 归为 $\{-1, +1\}$,作出分类决策。

3.识别结果及分析

支持向量机是针对小样本的机器学习方法,我们希望它在小样本学习下得到比较满意的结果。因此,我们首先选择了 30 个样本进行训练,每种波形各 10 个。在此基础上我们再增加 30 个样本,用这 30 个样本的训练集进行训练。选取 3 种不同的核函数构造 SVM,然后用 50 个样本进行测试,得到的结果见表 4-7。从表 4-7 不难看出,核函数的选择对于识别的效果有明显的影响。在训练集相同的情况下,压力波动识别问题用径向基核函数得到的结果最好。当训练集为 30 个样本时,正确识别率为 92.0%,在增加样本后提高到 96.0%。其他核函数的识别结果要差一些。从计算时间上看,支持向量机的训练时间是很短的,这体现了 SVM 方法的简单和高效。

通过上述分析,可以看到支持向量机方法可以应用于不同波动样本识别问题,通过比较几种不同的核函数,发现采用径向基核函数的效果最好。

表 4-7　支持向量机与 BP 神经网络的识别结果比较

识别方法	训练时间(s)	测试时间(s)	支持向量数	识别正确率
多项式核函数 SVM（$\mu=3$）	12/38	0.13/0.36	24/33	0.90/0.94
高斯径向基核函数 SVM（$\sigma=3$）	15/49	0.12/0.32	23/28	0.92/0.96
感知核函数 SVM（$\beta=2,b=1$）	11/35	0.11/0.30	20/25	0.88/0.92
BP 神经网络	16/105	0.35/0.52	—	0.78/0.82

注:"/"左边为训练样本数是 30 的数据,右边为训练样本数是 60 的数据。

为了和神经网络方法进行对比,参照文献[88]建立标准 BP 神经网络同时对其进行了学习训练和识别测试,选择和 SVM 相同的训练样本,网络输入层有 6 个节点,隐层为 12 个节点,网络输出层为 3 个节点,对应类似泄漏的三种波动工况。如果样本属于第 k 类波动,则网络输出对应第 k 个分量为 +1,反之为 -1。对于 30 个训练样本,网络的识别率只有 78.0%,当增加到 60 个样本时,识别率达到 82.0%,远低于 SVM 的识别率。当训练样本数增加到 150 个时,网络的识别率才达到 93.0%。由此可见,SVM 方法在小样本情况下具有很高的识别率,表现出更好的推广能力。

因此,可以得出:将神经网络与支持向量机用于故障识别,在相同数目的大量的学习样本下,神经网络与支持向量机都表现出了良好的分类性能和推广性能,但当样本数目较少时,支持向量机比神经网络具有更好的适应能力,分类准确率比神经网络高。

4.4.4 小结

支持向量机是一种适用于小样本情况的基于统计学习理论的机器学习方法。本节深入分析了 SVM 的统计学理论基础,阐述了利用 SVM 进行分类学习的具体算法,介绍了利用 SVM 构造多元支持向量机的几种算法,并建立了基于多元支持向量机的管道泄漏识别模型。最后用该模型进行了学习测试实验,并与神经网络模型算法进行了比较。实验得出:支持向量机在样本数少的情况下,表现出比神经网络要更好的识别效果,但当样本数达到一定数量时,其优越性并不明显。

4.5 基于 PSO-SVM 的管道漏失诊断方法

常规支持向量机的核参数和惩罚因子在应用中一般采用试凑、按照经验选取或进行单目标优化,这些人工或半自动的方法难以使参数在空间内优化到最优点的效果而且耗费时间。本节提出了采用粒子群算法(PSO)优化 SVM 中径向基核函数里的核参数 σ 和惩罚因子 c 两个参数,最后建立了多元的改进支持向量机,得到液体管道负压波法的 PSO-SVM 分类模型。

4.5.1 粒子群算法原理

粒子群优化算法的基本思想:该优化问题实质上是寻找粒子点在空间中的最优位置,算法首先在空间内随机初始化粒子点,各个粒子点都有一个速度向量及一个可以求出适应度的函数,粒子群中会参照当前最佳适应度的点在空间中不断迭代,直到搜索到最优解。

粒子群算法的优化框架可以描述为：

$$\left.\begin{array}{l} v_i^{k+1} = \omega v_i^k + c_1 r_1 (p_i^k - x_i^k) + c_2 r_2 (p_g^k - x_i^k) \\ x_i^{k+1} = x_i^k + v_i^{k+1} \end{array}\right\} \tag{4-34}$$

其中，v_i^{k+1} 表示第 i 个优化点在第 $k+1$ 代时的移动速度；x_i^{k+1} 表示第 i 个粒子在第 $k+1$ 代时的位置；p_i^k 表示第 i 个优化点到第 k 代为止所固定的最优位置；p_g^k 表示当前种群到目前为止所找到的最优位置；$p_i^k - x_i^k$ 表示个体认知；$p_g^k - x_i^k$ 表示社会认知；ω 为惯性系数，表示相信自己的程度；学习因子 c_1, c_2 为非负常数，前者表示对经验的信服程度，后者表示对周围个体的信服程度；r_1, r_2 表示 $(0,1)$ 的随机数。

在整个粒子群的迭代中体现了粒子群优化在寻找最优解的过程中既保持了优化点自身的惯性，又利用粒子的个性以及群体的社会性不断修改和移动自身方向，最终使群体朝着最优解靠近，并且避免了复杂的遗传操作。

4.5.2　基于粒子群算法的参数优化

凭借粒子群优化算法的全局搜索优势进行支持向量机的改进，其主要流程如下（见图 4-15）：

步骤 1：初始化。对输入参数预先进行归一操作，然后输入到模型。设定参数运动范围，设定学习因子（c_1、c_2），进化代数（E），惩罚因子 c 和核参数（本书采用径向基核函数，其核参数为函数宽度 σ）。

步骤 2：适应度评价。计算个体的适应度值，初始化个体和全局在空间的最优解。

步骤 3：比较寻优。根据式（4-34）刷新优化点的速度和定位，产生新种群，更新新种群的个体适应度值。分别比较当前参数 c 和 σ 的适应值和自身历史最优值及种群最优值，更新种群参数 c 和 σ 的全局最优值。

步骤 4：检查结束条件。寻优达到最大进化代数，结束寻优（否则返回步骤 2），输出最佳参数 c 和 σ。

随后将优化的参数 c 和 σ 代入 SVM 模型并检测 SVM 建模精度。

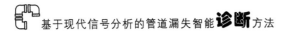
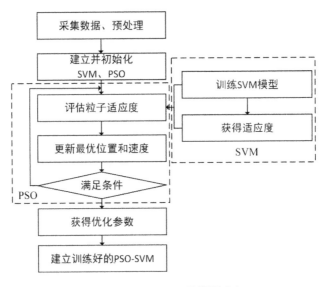

图 4-15 PSO-SVM 的模型建立

4.5.3 基于 PSO-SVM 的管道工况分类诊断

支持向量机实质上是一种两类分类器,而现实中管道泄漏诊断结果通常有多个种类,如:正常输送、调阀、停泵和泄漏。常用构建多元支持向量机的方法有"一对一""一对多"以及采用决策树的支持向量机。本书采用决策树方法构建多元支持向量机用以判别管道泄漏和各种工况操作,其训练效果与"一对一"与"一对多"多元支持向量机相当,但学习训练和测试用时方面比常规支持向量机更短,随着分类数量的增加,效果更加明显,效率更高。

对于需要将待训练样本集分为 n 类的分类问题,根据决策树原则需要建立 $n-1$ 个两类分类器(相对的"一对一"方法则需建立 $n \cdot (n-1)$ 个分类器,"一对多"的方法则需要建立 n 个分类器),其每个分类器的输出结果为 A 与非 A 这两种结果。由于对城市供水管道的工况识别最主要的目的是判断管道中是否有泄漏的情况发生,所以将与泄漏波形最相异的正常工况放在第一层进行判断。然后依次是停泵与调阀工况,这样可以提升每个分类器的识别效果,并且提升整个模型的效率。以图 4-16 为例,第一个 PSO-SVM 模型的输出标签为 A 与非 A 标签,如果得到非 A 结果则继续输入到下一个 PSO-SVM 模型,得到标签 B 与非 B,以此类推,直到模型判别的结果为 A,B,C,D 这几个预设的工况分类结果。基于决策树的多元模型构建的优势十分明显,它不同于另两种常用的多元构建方法,其所构建的 SVM 模型个数最少,且分类效率较高。

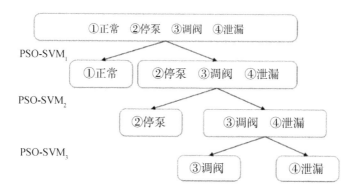

图 4-16　多元 PSO-SVM 的模型建立

将 4.4 节中的特征集输入到多元 PSO-SVM 模型中进行训练。

将表 4-8 中数据作为输入集输入建立的 PSO-SVM 模型中进行训练。

表 4-8　模型输入向量表

工况	样本号	平均幅值	均方根	裕度因子	峭度	峭度因子
正常	1	0.520	0.006	1.527	0.004	0.667
	2	0.516	0.008	2.003	0.013	0.615
	3	0.525	0.005	1.336	0.006	0.833
	4	0.513	0.006	1.739	0.008	0.750
停泵	1	0.536	0.219	14.000	0.173	0.790
	2	0.531	0.230	9.314	0.111	0.483
	3	0.512	0.226	9.618	0.012	0.054
	4	0.533	0.219	10.504	0.005	0.215

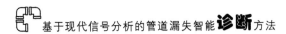

工况	样本号	平均幅值	均方根	裕度因子	峭度	峭度因子
调阀	1	0.507	0.225	6.929	0.016	0.070
	2	0.535	0.224	15.320	0.069	0.309
	3	0.517	0.228	10.471	0.135	0.591
	4	0.512	0.226	2.361	0.024	0.104
泄漏	1	0.514	0.227	3.916	0.029	0.126
	2	0.514	0.227	10.401	0.009	0.040
	3	0.506	0.717	9.039	0.012	0.016
	4	0.505	0.225	3.683	0.111	0.494

根据图 4-17 可以看出,随着粒子群算法迭代的进行,模型的适应度在 93% ~98% 的区间内震荡,粒子群记录下最优的参数组合。可以看出算法在进化到第 78 代左右时,模型已经可以得到很好的分类效果。相比以往的交叉验证和网格搜索,粒子群算法在搜索范围及速度方面都有比较明显的优势。

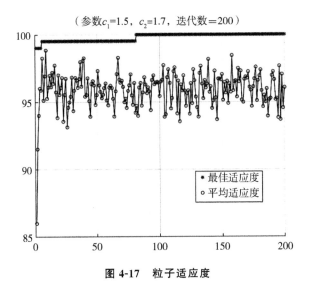

（参数c_1=1.5，c_2=1.7，迭代数=200）

图 4-17　粒子适应度

　　由表 4-9 可以看出,PSO-SVM 相对于传统的 BP 神经网络和 SVM 不仅识别的准确率有所提升,而且训练用时相对较少,并且管道工况识别准确率分别提高了 12% 和 3.5%。为了降低常规操作导致的供水管道泄漏检测的错误识别,采用 SVM 分类器从不同的工作环境中识别出泄漏的存在;采用 PSO 算法对模型参数进行优化,提高了 SVM 分类器的泄漏识别准确率。试验结果表明,PSO 比较适用于优化 SVM,PSO-SVM 算法对供水管道工况识别具有很高的辨识精度,可以很好地应用于相关的管道泄漏诊断中。

表 4-9　不同算法判别效果对比表

算法名称	识别准确率(%)				
	正常	停泵	调阀	泄漏	总体
BP	100	80	80	82	85.5
SVM	100	90	92	90	91.5
GA-SVM	100	94	94	94	95.5
ACO-SVM	100	96	94	94	96
PSO-SVM	100	96	94	98	97

4.5.5　小结

　　本节使用粒子群优化算法的全局优化特性优化支持向量机的核参数和惩罚参数,建立供水管道泄漏诊断模型。通过粒子群优化算法的全局搜索优势对支持向量机进行改进,使得支持向量机的参数选择更加合理。实验结果表明,基于改进的支持向量机的管道泄漏诊断模型在测试中准确率相对于以往的支持向量机以及神经网络模型有较明显提升,有效地解决了传统支持向量机中参数选择对检测准确率的影响,提升了对管道工况的辨识程度,同时也避免了复杂的遗传操作,在训练时间上有可观的改进。

第5章 复杂工况下管网漏失 诊断方法

在管道运行过程中,特殊的输送工艺、复杂工况调节、频繁的压力波动有时会给漏失识别与定位带来更大的困难,另外,目前绝大部分管道漏失诊断方法均是针对单一管道或单个漏失点进行研究的,但是,在实际的管道结构中,还存在带有分支的管网系统,由于管网结构复杂、环境多变,传统管道漏失诊断与定位方法通常不能直接用于管网对象。

本章主要讨论复杂工况下管网漏失诊断方法;以原油管道为研究对象,分析了原油管道负压波速变化大导致定位误差大的问题;通过修正负压波波速的同时对传统定位公式进行改进,以达到提高定位精度的目的;分析了非恒定流情况下管道泄漏诊断方法;针对管网中存在支线的管网结构系统,提出了基于节点的管网漏失检测与定位方法。

5.1 热油管道沿程温降与负压波速修正

5.1.1 原油加热输送的目的

我国原油多为高凝点、高含蜡、高黏度的"三高"原油,其流型复杂,流动性能差,含高蜡原油凝点高,当温度高于析蜡温度时,黏度往往较低;当温度降至接近凝点时,黏度急增。我国大部分油田开采的原油只有在高于一定温度时,才属于牛顿流体,当温度低于某一范围时,就具有非牛顿流体的特性,对于这样的原油,采用等温输送是很困难的,因为在外界温度条件下,高含蜡原油易凝固,用一般的管道输送方法根本就不可能输送,高黏油虽不凝固,但在管路中流动时,水力摩阻非常大。

因此,对于易凝和高黏度的原油,常采用加热输送的方法,通过提高原油的温度降低其黏度,减少输送过程中的摩阻损失,并且通过提高油流的温度,保证油流的温度高于其凝固点,以防止冻结事故发生。

5.1.2　加热输送的特点

在热油沿管路向前输送的过程中,由于油温远高于管路周围的环境温度,在径向温差的推动下,油温所携带的热量将不断地往管外散失,因而使油流在前进的过程中不断地降温,即引起轴向温降。轴向温降的存在,使油流的黏度在前进过程中不断上升,单位管长的摩阻损失逐渐增大,当油温降低到接近凝固点时,单位管长的摩阻将急剧增高。故热油输送区别于等温输送的特点可以归纳为以下几个方面:

(1)在热油输送过程中有两个方面的能量损失:消耗于克服摩阻和高程差的压能损失以及与外界进行热交换所散失掉的热能损失。

(2)与两方面的能量损失相应的工艺计算应包括两个部分:水力计算和热力计算。有关水力计算和热力计算的分析可参见文献[91]和文献[92]。

(3)加热输送时,管内热油既可以在层流下输送,又可在紊流流态下输送,同样也可以在混合流态下输送。对于高含蜡的原油,宜在紊流流态下进行输送。

5.1.3　热油管道沿程温降

油流在加热站加热到一定温度后进入管道。沿管道流动中不断向周围介质散热,使油流温度降低。散热量及沿线油温受很多因素的影响,如输油量、加热温度、环境条件、管道散热条件等。严格地讲,这些因素是随时间变化的,故热油管道经常处于热力不稳定状态。工程上将正常运行工况近似为热力、水力稳定状况,在此前提下进行轴向温降计算,即设计加热输送管道是以稳态热力、水力计算为基础的。

设管道周围介质温度为 T_0,dl 微元段上油温为 T,管道输送量 Q,水力坡降为 i。流经 dl 段后散热油流产生的温降为 dT。在稳定工况下,dl 微元段上的能量平衡式如下：

$$K\pi D(T-T_0)\mathrm{d}l = -Qc\,\mathrm{d}T + gQi\,\mathrm{d}l \tag{5-1}$$

式(5-1)中左端为 $\mathrm{d}l$ 管段单位时间向周围介质的散热量，右端第一项为管内油流温降 $\mathrm{d}T$ 的放热量；第二项为 $\mathrm{d}l$ 段上油流摩擦损失转化的热量。因 $\mathrm{d}l$ 和 $\mathrm{d}T$ 的方向相反，故引入负号。

设管长 L 的段内总传热系数 K 为常数，忽略水力坡降 i 沿管长的变化，对上式分离变量并积分，可得沿程温降计算式，即列宾宗公式。

令 $a=\dfrac{K\pi D}{Gc},b=\dfrac{gi}{ca}$，

$$\int_0^L a\,\mathrm{d}l = \int_{T_R}^{T_L} -\frac{\mathrm{d}T}{T-T_0-b} \tag{5-2}$$

$$\ln\frac{T_R-T_0-b}{T_L-T_0-b}=aL \ 或 \ \frac{T_R-T_0-b}{T_L-T_0-b}=\exp(aL) \tag{5-3}$$

式中：G——油品的质量流量，kg/s；

C——输油平均温度下油品的比热容，J/(kg·℃)；

D——管道外直径，m；

L——管道加热输送的长度，m；

K——管道总传热系数，W/(m²·℃)；

T_R——管道起点的油温，℃；

T_L——距起点 L 处油温，℃；

T_0——周围介质温度，埋地管道取管中心埋深处自然地温，℃；

i——油流水力坡降，m/m；

a,b——参数，$a=\dfrac{K\pi D}{Gc},b=\dfrac{gi}{ca}$；

g——重力加速度，m/s²。

若加热站出站油温 T_R 为定值，则管道的沿程的温度分布可用式(5-4)表示，其温降曲线如图 5-1 所示：

$$T_L=(T_0-b)-[T_R-(T_0+b)]\mathrm{e}^{-aL} \tag{5-4}$$

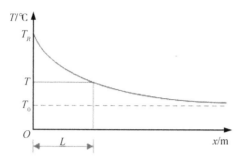

图 5-1　热油管道温降曲线

式(5-4)表明,在原油管道沿线,各处的温度梯度是不同的;首站的出口处油温高,油流与周围介质温差大,温降就快。而在进站前的管段上,由于油温低,温降就慢。加热温度愈高,散热愈多,温降就快。常常在出口油温提高近 10 ℃后,进站油温仅升高 2～3 ℃。

5.1.4　热油管道负压波速计算实例

大庆油田某采油厂三矿北 1-1 联合站至西部供输油末站管道长为 9.7 km,管径为 $\varnothing 250 \times 6$ mm。2007 年 4 月期间测得首站(首端)出站温度为 60 ℃,末站进站温度为 28 ℃。周围介质温度约为 15 ℃。20 ℃ 条件下原油密度 $\rho_{20} = 870$ kg/m³。体积系数为 0.679,管道全长为 9.7 km,钢管的弹性模量 $E = 206.9 \times 10^9$ Pa,泊松系数为 0.30。下面分别计算管道首末端波速:

1.发油端

$$K_{60} = 1.20 \times 10^9 \text{ Pa}$$

$$\rho_{60} = 870 - 0.679 \times (60 - 20) = 842.84 \text{ kg/m}^3$$

$$C_1 = 1 - \mu^2 = 0.91$$

$$a_{出} = \sqrt{\frac{K_{60}/\rho_{60}}{1 + C_1 \dfrac{K_{60}}{E} \dfrac{D}{e}}} = \sqrt{\frac{1.20 \times 10^9 \times 0.250}{206.9 \times 10^9 \times 0.006}} = 1\,061.3 \text{ m/s}$$

2.收油端

$$K_{20} = 1.44 \times 10^9 \text{ Pa}$$

$$\rho_{20} = 870 - 0.679 \times (28 - 20) = 864.568 \text{ kg/m}^3$$

$$C_1 = 1 - \mu_2 = 0.91$$

$$a_\lambda = \sqrt{\dfrac{K_{20}/\rho_{20}}{1 + C_1 \dfrac{K_{20}}{E}} \dfrac{D}{e}} = \sqrt{\dfrac{1.44 \times 10^9 \times 0.250}{206.9 \times 10^9 \times 0.006}} = 1\ 147.9\ \text{m/s}$$

5.1.5 小结

对于加热输送原油管道,首端高温段的负压波传播速度明显小于末端低温段的负压波传播速度。如果在进行漏失定位的时候将波速 a 作为固定值计算,必定造成较大的定位误差。

5.2 改进的漏失点精确定位方法

5.2.1 传统定位公式的不足

传统定位公式对漏失点进行定位时是把负压波在管道介质中的传播速度 a 作为定值来进行的,根据上面分析可知,在原油管道中,随着温度的下降,负压波传播速度也会发生改变。通常油温变化越明显,负压波传播速度变化就越大。为了对原油管道漏失进行精确定位,必须充分考虑负压波传播速度的变化,对传统漏失点定位公式进行改进。

5.2.2 基于动态节点的定位方法

由于原油温度随传输距离的变化而变化,可将负压力波波速写为随距离变化的函数形式 $a(x)$:

$$a(x) = \sqrt{\dfrac{K(t_x)/\lambda(t_x)}{1 + C_1 \dfrac{K(t_x)}{E}} \dfrac{D}{e}} \tag{5-5}$$

式中:t_x 表示距管道首端 x 处管道内原油温度。

通过式(5-4)计算管道沿程轴向温降,通过式(5-5)对负压波波速进行修正,那么漏失点 x_L 处产生的负压波传播到管道首、末端所需时间分别为

$$t_1 = \int_0^{x_L} \frac{1}{a(x)} \mathrm{d}x , t_2 = \int_{x_L}^{L} \frac{1}{a(x)} \mathrm{d}x \qquad (5\text{-}6)$$

于是得到漏失点定位方程为：

$$\Delta t_0 = t_1 - t_2 = \Delta t(x_L) = \int_0^{x_L} \frac{1}{a(x)} \mathrm{d}x - \int_{x_L}^{L} \frac{1}{a(x)} \mathrm{d}x \qquad (5\text{-}7)$$

其中 Δt_0 为管道首末端传感器实测得到的负压波时间差。由于 $a(x)$ 是一个比较复杂的函数,而且该方程涉及变积分求解问题,用代数解析方法求解非常困难,需通过其他方法进行求解。令

$$y(x_L) = | \Delta t(x_L) - \Delta t_0 | \qquad (5\text{-}8)$$

由于 $\Delta t(x_L)$ 的单调性,只有当 $x_L = x_{L0}$ 时(x_{L0} 为实际漏失点),函数 $y(x_L)$ 在理论上才能取得最小值 0。因此,求解漏失点位置 x_L 的问题就转变为求解方程式(5-8)的最小值问题。

计算难点于是转变为式(5-6)的变积分求解。这里采用对管道长度进行节点分割再采用分步积分方式进行求解。首先对管道长度区间 $[L_0, L_1] n$ 等分,$h = (L_0 - L_1)/n$ 为步长,$n+1$ 个节点为 x_k,$(k = 0,1,2,\cdots,n)$。

令 $f(x) = 1/a(x)$,在区间 $[L_0, L_1]$ 上求取 $f(x)$ 的积分。在节点上 $f(x)$ 的 Lagrange 插值多项式是：

$$\mathrm{Pn}(x) = \sum_{k=0}^{n} \Big(\prod_{\substack{j=0 \\ j \neq k}}^{n} \frac{x - x_j}{x_k - x_j} \Big) f(x_k) \qquad (5\text{-}9)$$

用 $\mathrm{Pn}(x)$ 代替 $f(x)$ 构造求积公式：

$$\begin{aligned} I_n &= \int_a^b \mathrm{Pn}(x) \mathrm{d}x \\ &= \int_a^b \sum_{k=0}^{n} \Big(\prod_{\substack{j=0 \\ j \neq k}}^{n} \frac{x - x_j}{x_k - x_j} \Big) f(x_k) \mathrm{d}x \end{aligned} \qquad (5\text{-}10)$$

进行简化得到牛顿-柯特斯积分公式为

$$\int_a^b f(x) \mathrm{d}x \approx I_n = (b - a) \sum_0^n C_k^{(n)} y_k \qquad (5\text{-}11)$$

其中：$C_k^{(n)} = \frac{1}{n} \int_0^n \Big(\prod_{\substack{j=0 \\ j \neq k}}^{n} \frac{t - j}{k - j} \Big) \mathrm{d}t$,$(k = 0,1,2,\cdots,n)$,为牛顿-柯特斯系数[115]。

由于漏失点距离未知,采用分步细分然后逐一求解 $\Delta t(x_L)$ 的方法计算

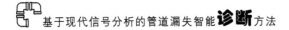

量仍然较大。这里采用先粗分再细分方法求解,具体方法为,首先用管道首末端负压波波速修正值分别计算漏点位置 x_{L_1}, x_{L_2},显然实际漏失点在区间 $[x_{L_1}, x_{L_2}]$ 中,再由定位精度要求对管道长度进行节点细分后,在漏点区间 $[x_{L_1}, x_{L_2}]$ 中每次取一个动态节点 x_L(步长为 h)对式(5-6)进行数值积分求解,在满足 $y(x_L)$ 最小情况下得到的 x_L 即为所求漏失点,这样便可以在满足精度要求情况下大大降低计算量。如需进一步提高漏点定位精度,只需通过节点分割技术对管道区间进行更细的划分即可。

5.2.3 定位结果实例分析与比较

在某油田某原油管道进行了四次漏失实验,四次漏失全部被系统检测到。第一次实验时,稳态输送时首站出站油温为 59 ℃,末站进站油温为 31 ℃,管道全长 9.70 km,系统捕捉到的首末端漏失信号时间差为 2.12 s,当时工况下测得负压波平均波速为 1 120 m/s,按平均波速进行定位:

$$x = \frac{L + a\Delta t}{2} = \frac{9.70 + 1.12 \times 2.12}{2} = 6.02 \text{ km}$$

实际放油阀门位置是距北一二首站 5.80 km 处。

相对误差:(6.02−5.80)/9.70=2.3%。

考虑到油温变化对负压波波速影响计算得到的漏失位置是 5.89 km。

相对误差:(5.89−5.80)/9.70=0.9%。

四次实验的平均定位误差为:用传统定位公式计算得到的漏点定位相对误差为 2.3%,改进后得到的漏点定位相对误差为 1.0%。

5.2.4 小结

本书通过修正原油管道中负压波传播速度,利用动态节点分布积分的方法改进传统定位公式以实现漏点的精确定位。实验中,定位精度从以前的 2.3% 提高到了改进后的 1.0%。除了原油管道,城市热力管网也属于加热输送情形,对于主干管道漏失的精确定位也可参考本方法。

5.3　基于压力-流量耦合的管道漏失识别方法

原油管道在低输量情况下,管道运行参数较低,且波动相对较大。在正常生产运行过程中,由于工况调节或其他因素,将会有很多类似漏失的压力波动,如果单纯依靠负压波诊断方法,必然产生较多误报警,因而需要采取有效措施消除误报警。

5.3.1　漏失情形下压力-流量耦合关系

首先从理论上分析漏失时管道全线各参数的变化规律,这将有助于漏失的准确判断和识别。通常,原油在输送过程中采用的是密闭输送方式,一条管线上通常有一个或若干个泵站以提高扬程和加热原油使得油品能正常输送到目的地。这里,先考虑一条管线上有若干个加热泵站的普遍情况。因为漏失类似于输油工况中的某条管道的间歇分输情况,不同的是漏失带有极大的不确定性,可能发生在一条原油管线的任意两个泵站之间的管段上。

设在有 N 个泵站的输油管道上,漏失点位于第 c 个泵站与第 $c+1$ 个泵站之间的管段上,某时刻发生漏失,其漏失量为 q。漏失前,全线输量为 Q。漏失后,漏失点前面的输量为 Q_*,漏失点后面的输量为 $Q_* - q$。漏失后全线输量不相等,可以以漏失点将全线分成前后两段,分别列出各段的压降平衡式。

从首站至漏失点管段上:
$$H_{s1} + c(A - BQ_*^{2m}) = fl_c Q_*^{2-m} + \Delta Z_{(c+1),1} + H_{s(c)+1}^* \tag{5-12}$$

从漏失点至末站油罐液面:
$$II_{s(c+1)}^* + (N \quad c)[A - B(Q_*) - q]^{2-m}$$
$$= f(L - I_c)(Q_* - q)^{2-m} + \Delta Z_{k,(c+1)} \tag{5-13}$$

两式相加可得:
$$H_{s1} + NA - (\Delta Z_{(c+1),1} + \Delta Z_{k,(c+1)}) = (cB + fl_c)Q_*^{2-m}$$
$$+ [(N-c)B + f(L - l_c)](Q_* - q)^{2-m} \tag{5-14}$$

即有

$$H_{s1} + NA - \Delta Z = (cB + fl_c)Q_*^{2-m}$$
$$+ [(N-c)B + f(L-l_c)](Q_* - q)^{2-m}$$

$$\text{(5-15)}$$

正常工况下，全线的压降平衡为

$$H_{s1} + N(A - BQ^{2-m}) = fLQ^{2-m} + \Delta Z$$

即

$$H_{s1} + NA - \Delta Z = (NB + fL)Q^{2-m} \tag{5-16}$$

对比式(5-16)、式(5-18)可知：

$$Q_* > Q > Q_* - q \tag{5-17}$$

由此可知：干线发生漏失后，漏失点前面输量变大，漏失点后面输量减少。为了求解漏失点前的第 c 站进站压头的变化，列出首站至第 c 站进站处在漏失前后的压降平衡式。

漏失前，第 c 站进站处压降平衡式：

$$H_{s1} + (c-1)(A - BQ^{2-m}) = fl_{c-1}Q^{2-m} + H_{sc} \tag{5-18}$$

漏失后，第 c 站进站处压降平衡式：

$$H_{s1} + (c-1)(A - BQ_*^{2-m}) = fl_{c-1}Q_*^{2-m} + H_{sc}^* \tag{5-19}$$

两式相减，可得：

$$H_{sc}^* - H_{sc} = [(c-1)B + fl_{c-1}](Q^{2-m} - Q_*^{2-m}) \tag{5-20}$$

由于 $Q_* > Q$，故

$$H_{sc}^* - H_{sc} < 0 \tag{5-21}$$

漏失后，第 c 站的出站压头可由下式求得：

$$H_{dc}^* = H_{sc}^* + H_{cc}^* \tag{5-22}$$

由此得出结论，漏失后，漏失点前的各站进出站压头都下降，而且距漏失点越近的站，压头下降的幅度越大。

漏失点后面沿线各站在漏失前后的进出站压头变化，也可由漏失点后的管段的压降平衡式推出。漏失后，漏失点后面各站的进、出站压头也都下降，距漏失点越近的站，压头下降的幅度越大。第 $c+1$ 站进站前发生漏失后全线的工况变化如图 5-2 所示：

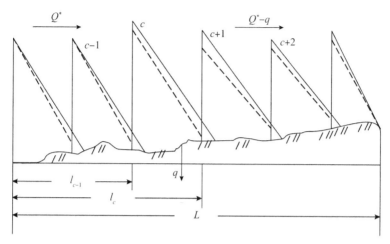

图 5-2 管段发生漏失后全线工况变化情况

如果管线全线输量不是固定的,即某些泵站还有储油作用,则把输量相等的连续管段看作全线即可,如果都不相等,一条管段也可利用上式计算,它只是连续加热输送的一种特殊情况而已。

5.3.2 恒定流情形下管道漏失识别方法

流体介质在管道中传输时,呈现出不同的参数特性,在输送工况(包括起始端传输压力、温度、流量等)和管道状况维持不变的情况下,管道首末端的运行参数(压力、温度、流量等)应该维持在一定范围内波动,如管道状况发生变化,将打破这一平衡状态。根据这个原理,在流体输送管道的首末两端实时采集管道的运行参数(压力、温度、流量等),然后根据参数的波动变化情况进行管道漏失的在线检测,进而可以实现漏失点的定位。

当流体管线的某一管段为密闭输送时,首端流入管道的石油没有补充和损耗,直接进入末端中继站油库储存或输油泵加压,首末站点的输油压力和流量基本稳定不变。当发生突然漏失事故时,漏失处的石油迅速流失,导致首末站流入流出管段的流体质量或体积差值发生变化,即流量差(输差)增大。

流量平衡法的本质就是质量平衡,一条封闭管段的输入、输出流量遵守以下质量流量平衡方程：

$$M_i(t) - M_0(t) - M_c(t) = 0 \qquad (5\text{-}23)$$

式中：

$M_i(t)$——管段入口(首端)流入管道的流体质量流量，kg/s；

$M_0(t)$——管段出口(末端)流出管道的流体质量流量，kg/s；

$M_c(t)$——管段内流体随温度、压力等参数改变的变化量(盘库质量流量)，kg/s，$M_c(t) = \dfrac{\partial}{\partial t}\displaystyle\int_0^L \rho(x,t)A\,\mathrm{d}x$；

L——管段全长，m；

$\rho(x,t)$——管道内流质随时间变化的分布密度，kg/m³；

A——管道内径，m。

在式(5-23)中，质量流量的计算涉及密度、温度、压力等其他管道实时运行参数。压力、温度虽可以实现在线测量，但仅限于管道的首末两端；对密度的测量，还没有高精度的在线测量仪表，通常仍采用人工取样，再按制定的石化行业温度、密度、体积折算表换算，精度一般达到 0.01%。

因此，式(5-23)通常用体积流量平衡方程(5-24)代替：

$$K(T_i(t))Q_i(t) - K(T_0(t))Q_0(t) = \Delta Q(t) \approx 0 \qquad (5\text{-}24)$$

式中：

$Q_i(t)$——管段入口(首端)流入管道的流体体积流量，m³/h；

$Q_0(t)$——管段出口(末端)流出管道的流体体积流量，m³/h；

$K(T_i(t))$——管段入口(首端)体积流量换算为 20 ℃时标准体积流量的折算系数；

$K(T_0(t))$——管段出口(末端)体积流量换算为 20 ℃时标准体积流量的折算系数；

$\Delta Q(t)$——段首末端标准体积流量差，即标体输差，m³/h。

漏失发生时，一部分流量损失，管道出口及入口就会产生一定的流量差。理想情况下流量平衡法(输差法)漏失检测原理如图 5-3 所示。

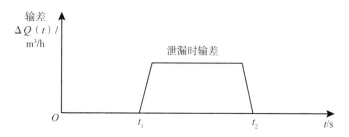

图 5-3　理想情况下输差检漏法原理图

但是,实际上,进出口瞬时流量一般是不平衡的,原因在于流体的可压缩性、温度压力影响、流量计计量误差等多种因素。在正常情况下,这几方面所导致的输差是比较稳定的。如果出现输差的较大上升,输差的稳定状态就被破坏,就可大致断定管线有异常情况发生。通过实时检测管段两端的流量并计算出输差,结合压力变化对输差瞬间变化趋势进行分析,就可以发现异常的流量损失,并立即报警。此外,还可以对产生漏失这一段时间内的输差曲线进行积分,准确计算出漏失量。因此,实际恒定流情况下,流量平衡法漏失检测原理如图 5-4 所示。

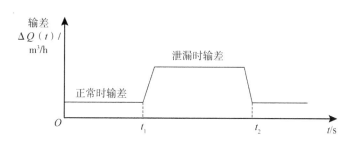

图 5-4　实际情况下输差法检漏原理图

5.3.3　非恒定流情形下管道漏失识别方法

大多数输油管道在正常输送情况下,管道中流体一般为恒定流,即流量均值基本为某个固定值,受外界环境影响,有时也会上下波动,但波动幅值不大。对于一些特定的场合,管道输送量可能是不恒定的。对于非恒定(非定常)流的管道,管道内流体的压力和流量分布是变化的,情况相对复杂。

1.非恒定流波动分析

在原油集输管网中,管道非恒定流的情况也比较普遍。有些油井生产量不稳定,导致一些小型联合站的输送工艺不同于其他联合站。例如,通过PID阀调节原油输送量便是油田常见的一种输送工艺,由液罐的储油高度自动调节PID阀向下游输送原油。由于来油的不稳定,必然影响向下游的原油输送量。图5-5为某集输管道原油输送示意图,图5-6所示为该管道出口和入口流量曲线。

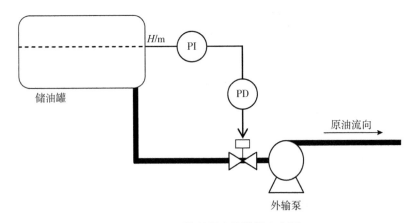

图5-5 PID控制原油外输量示意图

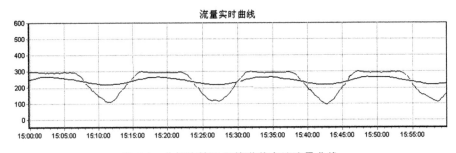

图5-6 非恒定情况下管道首末端流量曲线

从图5-6可以看出,该管道除了输量非恒定以外,由于管道特征和液体自身压缩性等原因,还造成了出口流量和入口流量存在一定的时滞性,即类似螺旋状的交替上下波动状态。在这种情况下,利用负压波诊断会存在较多的误判断,采用上节的流量输差法同样会产生很高的误报警率。

2.基于流量漏失识别因子的检测方法

由前面分析可知,当管道发生漏失时,管道进出口压力流量都会发生改变,而且这些信号是瞬变信号。压力表现为首末站压力均下降,流量变化规律为出口流量增大、入口流量减小。但是在非恒定流情况下,压力流量的这种变化趋势很可能被大的流量波动信号给淹没。

但是通过分析流量波形可以看出,管道在正常输送时,流量波动虽然很大,但是其连续性较强,波动平缓,不会出现较大的突变。当有短时工况调节或漏失发生时,流量才会出现相对明显的瞬变过程。如果能够识别到这种瞬变信号并进行检测,亦可达到正确识别的效果。尽管流量也会存在突变,但由于流体存在较大弹性,流量突变相对压力突变平缓得多,采用李氏指数的奇异信号检测方法难以达到较好的检测效果。为此,本节提出一种基于流量漏失识别因子的漏失识别方法。

设 $\{y_0, y_{0,2}, \cdots, y_{0,k}\}$ 为某段时间内管道出口流量幅值序列,$\{y_{1,1}, y_{1,2}, \cdots, y_{1,k}\}$ 为进站流量幅值序列,$y'_{0,k+1}$ 为通过 $\{y_{0,1}, y_{0,2}, \cdots, y_{0,k}\}$ 对下一个流量采样点的预测值,$y_{0,k+1}$ 是管道出口即将得到的实测值,同理,$y'_{1,k+1}$、$y_{1,k+1}$ 分别为出站口流量的预测值和实测值。

通过 Lagrange 插值对 $\{y_{0,1}, y_{0,2}, \cdots, y_{0,k}\}$,$\{y_{1,1}, y_{1,2}, \cdots, y_{1,k}\}$ 进行拟合预测,Lagrange 插值拟合基本公式为

$$L_n(x) = \sum_{i=0}^{n} \left(\prod_{\substack{j=0 \\ (j \neq i)}}^{n} \frac{x - x_j}{x_i - x_j} \right) y_i \tag{5-25}$$

式中,x_i 为采样点数序列。在管道流量预测过程中,采用连续采样点进行拟合可以得到更好的拟合效果,于是拟合公式变为

$$L_k(x) = \sum_{i=0}^{n} \left(\prod_{\substack{j=0 \\ (j \neq i)}}^{k} \frac{x - j}{x - j} \right) y_i \tag{5-26}$$

通过上式可以得到管道首末站基于 $\{y_{0,1}, y_{0,2}, \cdots, y_{0,k}\}$,$\{y_{1,1}, y_{1,2}, \cdots, y_{1,k}\}$ 的预测值 $y'_{0,k+1}$、$y'_{1,k+1}$。对于经过滤波后的平滑信号,通过上式在短期内预测流量趋势可以达到较好的效果。

定义管道首末端漏失识别因子分别为

$$k_0 = y'_{0,k+1} - y_{0,k+1}$$
$$k_1 = y'_{1,k+1} - y_{1,k+1}$$

由前面分析可知,在恒定流情况下,当管道发生漏失时,管道出站口流量将会瞬变上升,入站口流量将会瞬变下降。在非恒定流情况下,这种波动趋势可能会被大的流量波动给淹没。但是通过实验分析发现,虽然这种瞬变相对平缓,但其变化趋势依然存在,只不过表现为出站流量相对上升,入站流量相对下降。用流量漏失识别因子则可表示为:$k_0 > 0$ 且 $k_1 < 0$。

$k_0 > 0$ 且 $k_1 < 0$ 是一种较为理想的情况,实际检测中,由于存在外界因素影响以及拟合预测误差等原因,$k_0 > 0$ 且 $k_1 < 0$ 这种情况经常发生,有时会造成许多误报警。

因此,将漏失识别因子改进为

$$k_0 = y'_{0,k+1} - y_{0,k+1} - \mu_0$$
$$k_1 = y'_{1,k+1} - y_{1,k+1} - \mu_1$$

其中,μ_0,μ_1 为识别阈值。根据实际情况合理设定漏失识别阈值可大大降低系统误报警率。

3.漏失检测实例分析

图 5-7 所示为某采油厂供输油末站集输管网,其中中十六联合站—西部供输油末站管线发油端采用的就是 PID 控制阀调节对末站的原油输送。该管线全长 4.1 km,管径为 $\varnothing 250\text{mm} \times 6\text{mm}$,原油输送量为 $50 \sim 350 \text{ m}^3/\text{h}$。其中 P 表示压力,Q 表示流量。

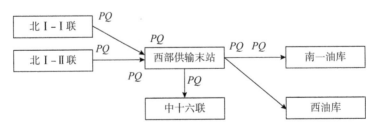

图 5-7 西部供输油末站漏失检测系统示意图

图 5-8 为正常情况下管线压力流量曲线图,从图中可以看出,正常运行时,管道流量出现类似正弦波动,而且首末站流量还出现一定的滞后性。而

且压力波动也很频繁,仅靠负压波法必然产生较多误报警。传统流量输差法在这里根本行不通。这里采用流量漏失识别因子对漏失进行检测。

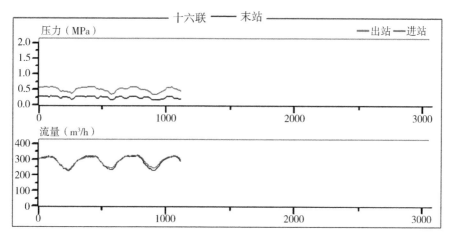

图 5-8   中十六联-末站压力流量曲线图

通过在该管线上通过发油端放油方式进行了三次模拟漏失实验,打孔大小为 2 in(约 5 cm)。实验中,分别将首末端漏失识别因子设置为 $k_0=1.5$ m³/h,$k_1=2.0$ m³/h,通过公式(5-28)对首末端流量进行实时预测,预测时间设置为 2min。图 5-9 中实线为现场实验采集到的数据经滤波后曲线,虚线为流量预测实时曲线。

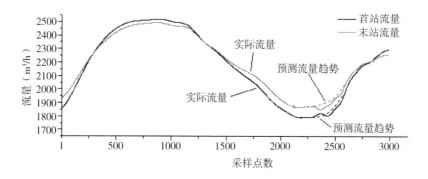

图 5-9   非恒定流情况下漏失识别

　　可以看出,在 2 260 点以前,基本没有出现实测与预测超过识别因子阈值的偏离,2 260 点至 2 600 点之间,明显出现了预测值与实际值的偏离。监测系统在误差出现 1min 左右后进行了报警,图 5-10 所示为发油端放油实验现场,图 5-11 为报警截图。

图 5-10　发油端放油实验现场

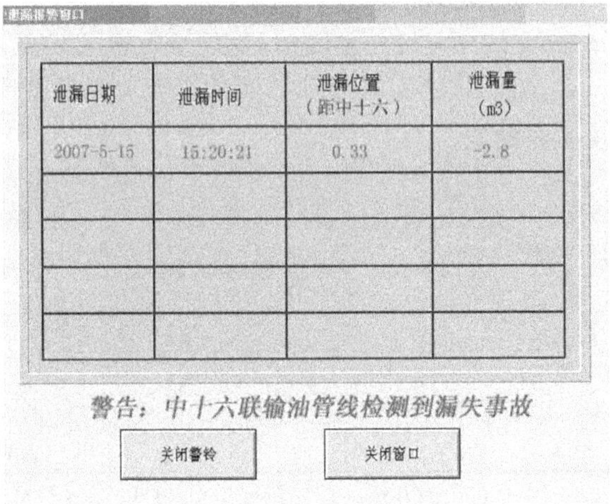

泄漏日期	泄漏时间	泄漏位置 (距中十六)	泄漏量 (m3)
2007-5-15	15:20:21	0.33	-2.8

警告:中十六联输油管线检测到漏失事故

关闭警铃	关闭窗口

图 5-11　报警截图

5.3.4 小结

本节通过分析管道漏失过程中管道压力、流量参数的变化关系,提出采用压力-流量耦合识别的方法解决工况频繁调节和压力波动导致的误报警问题。对于由于工况原因导致的管道非恒定流情形,提出采用流量漏失识别因子对漏失事件进行判别,实验证实了该方法的可行性。

5.4 原油集输管网漏失识别与定位方法研究

5.4.1 管网基本结构

在管道系统结构中,存在不同的管网结构形式,一般分为分支管网和环路管网两种形式。分支管网是指管段在输送工艺过程中由于需要向其他地方输送油气而在原管段上开孔分输形成的管道结构形式,如图 5-12 所示,由于分支管网在实际生产生活中应用较普遍,本节内容主要讨论分支管网的漏失识别方法。

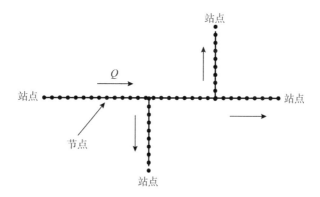

图 5-12 设置节点的管网示意图

5.4.2 管网漏失识别依据

根据文献[99]建立管网流体状态模型,当发油端以一定扬程和外输量向管网输油时,管网系统会达到一种流动平衡状态,当某个站点进行工况调节,或者某时刻管网中某管段发生漏失时,该平衡必然被打破,系统会发生瞬变过渡,管网中各管段压力流量都会发生变化,类似单段管道瞬变过程,直到达到另一种状态。通过监测各管段端点的参数变化情况,便可识别是否发生漏失。对于图 5-12 所示管网,当某管段发生漏失时,相当于管网中多了一个收油端。假定漏失量为 q,可利用管网流动状态进行求解。通过理论计算和仿真实验分析得出,当管网中某一个管段发生漏失时,必然导致管网发油端流量上升,所有收油端流量有所下降,所有端点的压力都将会有所下降。因此,如果管网发生如上瞬变过渡,说明管网发生漏失可能性非常大。接下来就要确定的是哪条管段发生漏失以及漏失所在位置。

5.4.3 漏失管段的识别方法与定位

1.检测原理

在对管网漏失进行识别的过程中,关键问题是识别管网上发生漏失的管段。这里以树状管网检测进行说明。首先在管网上预设一些节点,作为可能发生漏失的漏失点(亦可称作虚拟漏失点),节点的设置可以根据管线情况及定位精度要求进行划分,如图 5-12 所示,黑点表示节点。当每个节点分别发生漏失时,将引起各端点压力下降沿的出现,计算出各端点压力下降沿开始的时刻,将其组成一个时间向量 $T_{i,j}$(i 表示发生漏失的管段,j 表示发生漏失的节点),称为参考时间向量。每个预置点的漏失都可看作一种模式,并对应一个参考时间向量。当节点位置处发生漏失时,都会有一个时间向量与管网上某个节点一一对应,通过检测管网各个端点的压力拐点时刻,利用模式识别的方法,我们便可以求得漏失发生的管段及漏失点位置。

实际漏失时,各端点压力信号出现下降沿,找出其下降沿起始时刻并组成一个时间向量,称为待检时间向量。在管道较长或者精度要求较高的情况下,通常需要用较多节点对管网进行划分,对应的参考时间向量也比较多,因而适宜较大样本情况下的学习训练,这里选用神经网络模型方法对管网系统进行建模,通过节点的学习完成模型的训练工作,然后进行测试。

2.基于神经网络的管网识别方法

神经网络是由大量的基本处理单元(神经元)互相连接而成的网络。神经网络具有良好的自学习功能,能把学习到的知识总结为经验并加以记忆。选定神经网络模型后,将输入和输出样本输入网络,对其进行训练。网络训练好后,输入给定的一组待检向量,实现对待检向量的模式分类或故障诊断。

神经网络作为一种自适应的模式识别技术,并不需要预先给出有关模式的经验知识和判别函数,它通过自身的学习机制自动形成所要求的决策区域。基于神经网络模式识别功能的系统结构如图 5-13 所示。

图 5-13　基于神经网络模式识别功能的系统结构

神经网络有很多种不同的模型,例如感知器网络、线性网络、BP 网络、竞争型网络、自组织网络、反馈型网络等。本节应用的是 BP 神经网络模型,BP 网络是一种单向传播的多层前向网络,其结构如图 5-14 所示。

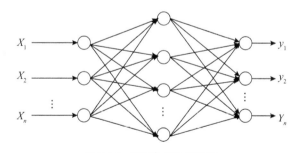

图 5-14　BP 神经网络结构

BP 网络包括输入层、中间层(隐层)和输出层。上下层之间实现全连接,而每层神经元之间无连接。在确定了 BP 网络的结构后,要通过输入和输出样本集对网络进行训练,亦即对网络的阈值和权值进行学习和修正,以使网络实现给定的输入输出映射关系。

当一对学习样本提供给网络后,神经元的激活值从输入层经各中间层向输出层传播,在输出层的各神经元获得网络的输入响应。接下来,按照减少目标输出与实际误差的方向,从输出层经过各中间层逐层修正各连接权值,最后回到输入层。随着这种误差逆向传播修正不断进行,网络对输入模式响应的正确率也不断上升。

3.漏失识别步骤

漏失发生的管段的具体识别步骤如下:

1)计算参考时间向量

提取管网的拓扑图,如图 5-15 所示。设管网共有 m 个端点:$[E_1, E_2, \cdots, E_m]$,将管网按等距离设定 n 个预置点:$[S_1, S_2, \cdots, S_n]$,相邻两个预置点间的距离为 Δdist。根据已知的各段管线的长度和压力波的波速,可计算出预置点 S_j 漏失引起的压力波传播到端点 S_i 所需的时间 $t_{i,j}$,式中 $i=1, 2, \cdots, m, j=1, 2, \cdots, n$,进而得到预置点 S_j 对应的 m 维的参考时间向量:$[t_{1,j}, t_{2,j}, \cdots, t_{m,j}]$,式中 $j=1, 2, \cdots, n$。这样就计算出了 n 个参考时间向量。

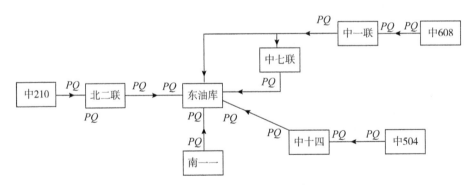

图 5-15　东油库集输管网示意图

2)计算待检时间向量

漏失导致各端点出现压力下降沿。找出所有 m 个端点的压力下降沿开始的时刻,记为 $t_{i,0}$,式中 $i=1, 2, \cdots, m$,进而得到 m 维的待检时间向量 $[t_{1,0}, t_{2,0}, \cdots, t_{m,0}]$。

3)时间零点的选择

在计算参考时间向量和待检时间向量之前,需指定一个时间基准点,将该端点所对应的时间分量作为时间零点,其他各端点对应的时间分量需要减去时间零点。

4)神经网络模型的训练与识别

在利用 BP 神经网络识别漏失点发生在哪条支线上时,首先将各预置点漏失引起的压力波传到各端点所需的时间 $t_{i,j}$,组成的各端点时间分量作为输入向量,即$[t_{1,j}, t_{2,j}, \cdots, t_{m,j}]$(管网中第 m 管段,j 管网中第 n 个节点);以$[t_{1,j}, t_{2,j}, \cdots, t_{m,j}]$作为输入,当第 1 段产生漏失时输出$[1,0,0]$,第二段漏失输出$[0,1,0]$,以此类推;以所有时间向量对 BP 神经网络进行训练后,即可进行管段漏失识别工作。

管网在发生漏失时,漏失点产生的负压波会沿管段传递到各个端点。因此,当漏失管段被正确识别后,便可以利用该管段的端点检测到的漏失时刻与其他任何一个端点检测到的漏失时刻进行漏点定位。为了避免管网内流体自身流速及管道结构特征影响,应该选择发油端检测到的漏失时刻进行定位。

5.4.4　实例分析

1.实验背景

在油田集输管网中,比较常见的一种情况是带有支线的树状管网。图5-15所示为某采油厂集输管网结构形式,其中,中一联、中七联与东油库形成支状管网。图 5-16 是将网状结构提取后的示意图。该管网带有一个分支,分别以 A,B,C 表示三条管段,其中管段 A 长 4.5 km,管段 B 长度为 3.8km,管段 C 长度为 3.1 km。在管网上每隔 10 m 设一个预置节点,共 104 个节点。

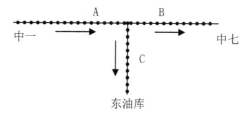

图 5-16　发生漏失的支状管网结构图

2.管网漏失识别方法

根据各段管线长度及压力波在管道中的传播速度,可以计算得到各节点(虚拟漏失点)漏失引起的压力波传到各端点所需要的时间$[t_{A,j},t_{B,j},\cdots,t_{C,j}]$,$j=1,2,\cdots,104$,通过时间校准后从而可以组成各端点对应的时间分量。A,B,C段产生漏失分别用$[1,0,0]$,$[0,1,0]$,$[0,0,1]$表示;选用 BP 神经网络并对其进行训练完成模型的训练工作。

3.数据获取及预处理

某次模拟漏失实验中,A,B,C 三个管段端点采集到的压力信号如图 5-17所示,通过滤波处理后得到的参数曲线如图 5-18 所示,从图 5-18 中可以明显看出,三个端点在某时刻压力有所下降。

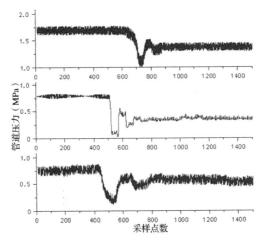

图 5-17 管网端点原始压力信号图

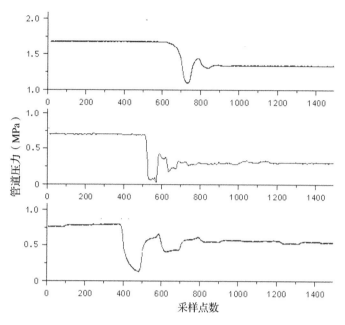

图 5-18　滤波后的压力信号

4.管段漏失识别与定位

利用李氏指数对管网三个端点压力信号进行奇异点特征提取,测得的压力下降沿时间分别是 1 033.52 s,1 033.43 s,1 033.71 s(参考系统启动时间),对采集到的时间点做基准点处理后得到的待建时间向量为 $[t_{A,j}, t_{B,j}, \cdots, t_{C,j}]$,将待检向量 $[0;-9;19]$ 输入网络,仿真结果为 $[1, -1.074\ 8 \times 10^{-8}, -1.427\ 4 \times 10^{-8}]$,则将其对应于 $[1;0;0]$ 向量,可得漏失点发生在 A 管段。再利用本章公式(5-2)进行漏失定位计算,得到漏失点为 3.70 km(即在 A 管段上距中一站 3.7 km),诊断分析及报警如图 5-19 所示。实际漏失点为 3.58 km 处。分析误差产生的主要原因可能有两个:一是由于管段距离较短,计算时忽略的负压波波速变化;第二种可能是三个端点采集到的压力波拐点时刻自身存在误差。

值得说明的是,管网的漏失识别与定位方法是在恒定流情况下得出的,非恒定流情况下管道水力模型和瞬变过程比较复杂,这种情况下的漏失检测有待进一步研究。

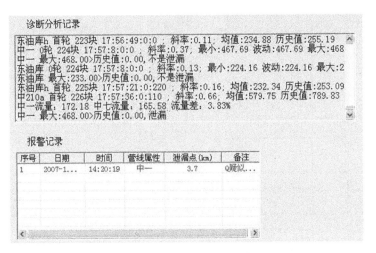

图 5-19　诊断分析记录与报警界面

5.4.5　小结

本节提出一种利用微元节点方式对管网进行管段划分,利用虚拟漏失点对神经网络模型进行学习训练,达到识别管网漏失的目的。实验表明:采用该方法能够对发生漏失的管段进行准确识别,实验定位精度达到 1.4%。

第 6 章　基于深度学习的管道漏失识别方法

管道漏失识别本质上也是故障识别的一种,其整个识别的过程一般分为原始采集信号的降噪、降噪后信号特征的选取以及根据所选特征进行被测系统的工况识别。近几年,管道漏失智能识别方面的研究已有了长足的进步。但是实际采集到的管道漏失负压波信号经常受到环境噪声等因素的影响,一般表现出强烈的非线性和非平稳性,导致负压波信号比较复杂,传统基于"人工特征提取＋人工特征选择＋浅层分类器模式识别"的管道漏失识别方法的性能很大程度上依赖于烦琐的人工特征提取和人工特征选择,而为不同的管道漏失识别任务选择较为敏感的特征并不容易,此外支持向量机(support vector machine,SVM)、神经网络(artificial neural network,ANN)等浅层分类器面临"维数灾难"问题,因此迫切需要设计能自动进行特征提取与漏失识别的新方法。

深度学习作为现代人工智能领域的一个突破,能够从原始特征集甚至原始数据中自动学习有价值的特征,这意味着深度学习可以在很大程度上摆脱对先进信号处理技术、人工特征提取和烦琐的特征选择技术的依赖。近几年来,不同的深度学习模型已逐渐被应用于管道漏失识别。因此,为提高管道漏失识别的智能性,本章研究了基于深度学习的管道漏失识别方法。

6.1　深度学习及其在管道漏失诊断的应用

6.1.1　深度学习基本模型

2006 年,深度信念网络的提出开启了深度学习的浪潮。深度信念网络为

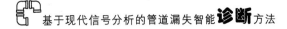

多隐层神经网络,具有更强的特征学习能力,其通过逐层初始化学习方式来构建深层网络,可有效降低训练难度,避免陷入局部最优,并具有很强的泛化性能,已经在图像识别、语音识别、自动驾驶等领域取得了重大成果。现有的深度模型主要包括:深层卷积神经网络(deep convolutional neural networks,DCNN)、深层自动编码器(deep auto-encoder,DAE)、深度信念网络(deep belief network,DBN)和深层循环神经网络(deep recurrent neural network,DRNN)等。

1.深层卷积神经网络

DCNN 为有监督深层神经网络,包括卷积层、池化层、全连接层和分类层,卷积层从图像中提取特征形成特征图,池化层减小特征图维数,全连接层对网络提取的深层特征进行预测,分类层输出识别结果。

2.深层自动编码器

自动编码器(auto-encoder,AE)为 3 层无监督神经网络,包括输入层、隐层和输出层,其目的是最小化输入和输出之间的重构误差以逼近一个恒等函数,从而自动完成特征提取。DAE 由多个 AE 堆叠构成,采取逐层化训练方法,将上一级 AE 的隐层输出作为下一级 AE 的输入,同时保证损失函数最小化,直到整个 DAE 完成训练。DAE 属于半监督深层网络,为了增强其数据处理能力,在 DAE 网络最后一层加上有监督 Softmax 分类器,用少量带标记样本结合 BP 算法对整个网络进行有监督微调,以增强特征提取效果。

3.深度信念网络

DBN 由多个限制玻尔兹曼机(restricted Boltzmann machine,RBM)堆叠而成,

RBM 由可视层和隐藏层组成,层内无连接,层间通过权值连接,DBN 的训练与 DAE 类似,通过逐层训练单个 RBM 进行学习,最后结合反向传播算法进一步微调优化。

4.深层循环神经网络

与传统深层神经网络模型不同,DRNN 隐层节点的输入包含了该隐层节点在前一个时刻的输出,有助于网络学习特征之间复杂的关系,但随着隐藏

层数的增加,容易出现梯度消失或梯度爆炸现象,影响模型的最终效果。

6.1.2　深度学习在管道识别的研究现状

深度学习是人工智能领域中的一个重大突破,它可以有效地从数据中自动学习具有代表性的特征,克服了传统浅层学习模型不能解决复杂的现实问题的缺陷。由于深度学习卓越的性能使其在人脸识别、智能驾驶、场景分类任务、信息检索、音频领域中获得了非常广泛的应用,但在管道漏失识别领域的发展严重滞后于其他领域。管道漏失识别实质是一个模式识别问题,而深度学习通过逐层提取特征可用于模式识别,可以较大程度摆脱依靠各种先进的信号处理技术和繁重的人工特征提取。DAE、DCNN、DBN 和 DRNN 是目前深度学习领域的主要模型框架,在过去几年中逐渐应用于管道漏失识别。

梁凤勤等采用一种基于 DAE 的单分类方法对油气管道控制系统的异常状态进行辨识,该模型仅需对系统的正常工作状态进行学习,通过编码器可实现特征的自适应提取,从而对数据进行抽象表示,并获得较好的非线性映射能力,当数据分布异常时,系统可区分其与正常信号间的差异,并进行预警;张涛等提出了基于孪生网络和长短时记忆网络的输油管道漏失检测方法,可以有效降低误检率(由 20% 降为 1%)、提高正检率(由 80% 提高为99%),该方法可以应用在输油管道的自动检测中,有效地对输油管道的状态进行监控;王新颖等为了提高管道漏失故障的识别能力,将深度学习神经网络应用到管道故障识别领域,提出了一种基于卷积神经网络与 Softmax 分类器的管道故障识别技术,与 BP 神经网络相比该方法有更高的准确率和更好的稳定性;孙洁娣等针对传统方法存在的采集数据冗余、特征提取及识别受主观因素影响较大等问题,结合压缩感知与深度学习理论,提出一种在变换域进行漏失信号的压缩采集、在压缩感知域进行自适应特征提取及识别的智能管道漏失孔径识别方法,该方法实现了监测数据的压缩,对压缩感知域采集信号的识别性能明显优于传统方法。

虽然深层神经网络在滚动轴承故障识别中取得了一定成果,但同时也存在如下缺陷:DBN 网络训练困难,初始权值具有指向性,在有监督微调阶段容易陷入局部最优;AE 的损失函数一般为均方误差函数,在实际情况下,管道漏失信号会受到背景噪声影响,由于均方误差函数的缺陷,会使网络的性能下降;目前大多数基于"时频图像＋DCNN"的管道漏失识别的研究都存在时频图像分辨率低的问题,且 DCNN 网络的结构难以确定,可见,深度学习在管道漏失识别领域中的研究目前仍然处于起步阶段。

6.1.3　小结

本节主要探讨了深度学习的基本模型,概述了深度学习方法在管道漏失识别中的研究现状,指出它可以有效地从数据中自动学习具有代表性的特征,克服了传统浅层学习模型不能解决复杂现实问题的缺陷。

6.2　深度学习特征提取前处理——基于现代信号处理方法

若直接将含噪管道漏失负压波信号输入深度学习模型进行自动特征提取和识别,则噪声的存在不仅会降低管道漏失识别准确率而且还会导致深层网络的收敛速度变慢,因此,有必要先对负压波信号进行降噪处理。在众多信号降噪算法中,小波方法缺乏自适应性,难以描述信号频率随时间的变化;经验模态分解、集合经验模态分解、局部均值分解等模态分解降噪方法缺乏严格的数学理论基础,且端点效应等问题难以解决;变分模态分解具有坚实的数学理论,但其分解模态个数难以确定。因此,本章提出几种新的负压波信号降噪方法,并对其原理进行研究,为后续深度学习模型在管道漏失识别中的应用提供优秀的训练样本。

6.2.1　压缩感知降噪采样

压缩感知(compressed sensing,CS)基于信号理论和稀疏理论,设负压波信号 $x \in \mathbf{R}^N$,压缩过程如下:

$$x = \sum_{i=1}^{N} \theta_i \psi_i = \boldsymbol{\Psi\theta} \tag{6-1}$$

$$y = \boldsymbol{\Phi}x = \boldsymbol{\Phi\Psi\theta} \tag{6-2}$$

式中：$\boldsymbol{\theta} = [\theta_1, \cdots, \theta_N]^T \in \mathbf{R}^N$ 为 $\boldsymbol{x}$ 的稀疏系数向量，只包含很少的非 0 值。$\boldsymbol{\Psi}$ $= [\psi_1, \cdots, \psi_N]^T \in \mathbf{R}^{N \times N}$ 为稀疏字典，$\psi_i \in \mathbf{R}^N$ 为稀疏基。$\boldsymbol{\Phi} \in \mathbf{R}^{M \times N}$ 为高斯随机观测矩阵。$\boldsymbol{y} \in \mathbf{R}^M (M \ll N)$ 为压缩信号，包含了 $\boldsymbol{x}$ 的绝大多数信息。为尽可能减小数据维数同时保证足够多的故障信息，必须确定合理的压缩率，压缩率定义如下：

$$r = \frac{N - M}{N} \times 100\% \tag{6-3}$$

设噪声信号 $\boldsymbol{n} \in \mathbf{R}^N$，加噪信号可表示为 $\boldsymbol{x}_n = (\boldsymbol{x} + \boldsymbol{n})$，则压缩采样信号 $\boldsymbol{y}'$ 计算如下：

$$\boldsymbol{y}' = \boldsymbol{\Phi} \boldsymbol{x}_n = \boldsymbol{\Phi}(\boldsymbol{x} + \boldsymbol{n}) \tag{6-4}$$

稀疏字典 $\boldsymbol{\psi}$ 可对 $\boldsymbol{x}$ 进行稀疏化，由于噪声信号不具备稀疏性，所以 $\boldsymbol{\psi}$ 无法将 $\boldsymbol{n}$ 稀疏化。将 $\boldsymbol{x}$ 和 $\boldsymbol{n}$ 在 $\boldsymbol{\psi}$ 中展开，可得：

$$\begin{cases} \boldsymbol{x} = \psi \boldsymbol{\theta}_x \\ \boldsymbol{n} = \psi \boldsymbol{\theta}_n \end{cases} \tag{6-5}$$

式中：$\boldsymbol{\theta}_x$ 和 $\boldsymbol{\theta}_n$ 表示 $\boldsymbol{x}$ 和 $\boldsymbol{n}$ 在 $\boldsymbol{\psi}$ 上的稀疏系数向量，此时 $\boldsymbol{y}'$ 重写为

$$\boldsymbol{y}' = \boldsymbol{\Phi} \psi (\boldsymbol{\theta}_x + \boldsymbol{\theta}_n) \tag{6-6}$$

根据 $\boldsymbol{\psi}$ 的选择原理，$\boldsymbol{\theta}_x$ 是稀疏的，$\boldsymbol{\theta}_n$ 非稀疏，设 $\boldsymbol{\theta}_x$ 的稀疏度为 k_x，$\boldsymbol{\theta}_n$ 的稀疏度为 k_n，则 $k_x \ll k_n < N$。由 CS 信号重构条件可知，从 M 个测量量中可以以较大的概率重构出信号 x，但很难重构出噪声 n，即在压缩采样中一部分噪声信息被舍弃，此为 CS 降噪的理论基础。基于字典学习的方法充分考虑了轴承振动信号自身的特性，能更进一步提高稀疏性能。本节将离散小波变换（discrete wavelet transformation，DWT）与 K-SVD（K-singular value decomposition）算法结合求取稀疏字典，目的是将样本矩阵 $\boldsymbol{X}$ 转化到另外一个空间域上，得到 $\boldsymbol{X}_T$，从而使得 $\boldsymbol{X}_T$ 中所有的列向量具有更相似的轮廓结构，更有利于字典的训练，算法步骤如下：

构造训练样本矩阵 $\boldsymbol{X} = [x_1, x_2, \cdots, x_M] \in \mathbf{R}^{N \times M}$，$x_i \in \mathbf{R}^N$ 为负压波信号训练样本。

对 $\boldsymbol{X}$ 进行离散小波变换，变换后的矩阵为 $\boldsymbol{X}_T = \boldsymbol{GX}$，$G \in \mathbf{R}^{N \times N}$ 为 DWT 矩阵。

将 X_T 作为新的训练样本矩阵,使用 K-SVD 算法得到字典 D_T,有 $X_T = GX = D_T S$,S 为系数向量。

由 $GX = D_T S$ 可得 $X = DS$,$D = G^{-1} D_T$,即为最终的稀疏字典。信号重构使用正交匹配追踪(orthogonal matching pursuit,OMP)算法。

6.2.2　形态经验小波变换

经验小波变换(empirical wavelet transform,EWT)具有完备的数学理论,通过分割振动信号的频谱并构造合适的小波滤波器提取不同的模态分量,分解结果更稳定,但目前存在的四种边界检测法:局部极大值法、局部极大极小值法、自适应法和尺度空间法均会使得某些频率成分无法分离。本书作者针对 EWT 的优势,提出一种形态经验小波变换(morphological empirical wavelet transform,MEWT)信号分解方法,对 EWT 进行 2 方面改进:①利用辅助白噪声法优化 EWT;②利用形态滤波提取振动信号频谱中具有显著特征的局部极大值作为谱划分边界。

由完备总体经验模态分解(complete ensemble empirical mode decomposition,CEEMD)的思想可知,正负白噪声对在降低信号重构误差方面效果显著,因此作者提出辅助白噪声法优化 EWT,具体步骤如下:

(1)向负压波信号 $x(t)$ 中加入符号相反、均值为 0、标准差为 std 的高斯白噪声,得到 $x_{i1}(t)$ 和 $x_{i2}(t)$。

$$\begin{cases} x_{i1}(t) = x(t) + \text{noise}_i(t) \\ x_{i2}(t) = x(t) - \text{noise}_i(t) \end{cases} (i = 1,2,\cdots,N) \tag{6-7}$$

式中:wgn 为 Matlab 软件高斯白噪声产生函数。

(2)对式 6-7 中 $x_{i1}(t)$、$x_{i2}(t)$ 分别进行经验小波变换(EWT)分解,得到 2 组本征模态函数(intrinsic mode function,imf):

$$\begin{cases} \text{imf}^1_{ij}(t)(j=1,2,\cdots,k) \\ \text{imf}^2_{ij}(t)(j=1,2,\cdots,k) \end{cases} \tag{6-8}$$

式中:$\text{imf}^1_{ij}(t)$ 为 $x_{i1}(t)$ 第 i 次分解后第 j 个 imf 分量;$\text{imf}^2_{ij}(t)$ 为 $x_{i2}(t)$ 第 i 次分解后第 j 个 imf 分量。

(3)重复(1)、(2),且每次循环加入新的高斯白噪声对。

(4)N 次循环后将 $2 \times N \times k$ 个 imf 进行平均计算,见式(6-9):

$$\mathrm{imf}_j(t) = \frac{1}{2N} \sum_{i=1}^{N} (\mathrm{imf}_{ij}^1(t) + \mathrm{imf}_{ij}^2(t))(j=1,2,\cdots,k) \qquad (6\text{-}9)$$

式中:$\mathrm{imf}_j(t)$ 为所有分解结果第 j 层 imf 分量均值。

重构信号,得到 $x_0(t)$:

$$x_0(t) = \sum_{i=1}^{k} \mathrm{imf}_j(t)(j=1,2,\cdots,k) \qquad (6\text{-}10)$$

负压波信号频谱划分的合理性直接影响 EWT 的分解质量,频带划分不合理将引起模态混叠或过分解,导致信号有效信息的缺失,因此作者提出形态学 EWT 分解方法,实现更精确的 EWT 自适应模态分解。首先获取负压波信号的频谱包络,统计包络有效局域极大值点,作为信号频谱划分边界。获取负压波信号频谱包络等同于对包络低通滤波,而形态滤波具有快速全局非线性滤波特性,能有效抑制高频噪声,其基本运算包含膨胀"+"和腐蚀"−",计算公式为:

$$(x + b)(n) = \max[x(n-m) + b(m)] \qquad (6\text{-}11)$$

$$(x - b)(n) = \min[x(n+m) - b(m)] \qquad (6\text{-}12)$$

式中:信号 $x(n)$ 和 $b(n)$ 分别为定义在 $F=(0,1,\cdots,N-1)$ 和 $G=(0,1,\cdots,M-1)$ 上的离散函数,且 $N \geq M$。为避免膨胀运算造成负压波信号形态变形过大从而引起信息丢失的问题,采用先膨胀再腐蚀的复合形态闭运算对所获取的包络进行修正,形态闭运算"·"如下:

$$(x \cdot b)(n) = (x + b - b)(n) \qquad (6\text{-}13)$$

结构元素 b 应与轴承振动信号形态相似,考虑振动信号频谱形状,采用椭圆形结构元素,其参数主要包括:幅度 h_m 和宽度 w_m,h_m 与滤波结果平滑度成反比,w_m 与滤波结果平滑度成正比。形态滤波算法在保留负压波信号频谱信息基础上,提取信号频谱中具有显著特征的局部极大值,结构元素 b 的参数参考值设置如下:

$$\begin{cases} h_m = a_h \times 0.1 \times A_a \\ w_m = a_w \times f_{dmin} \end{cases} \qquad (6\text{-}14)$$

式中:A_a 为负压波信号幅度均值,f_{dmin} 为最小分辨率频宽,a_h 和 a_w 为修正系数,一般设置为 1。最后将包络的局部极大值按降序排列($M_1 \geq M_2 \geq \cdots$

$\geqslant M_M$,包括 0 和 π),取 $M_M + a(M_1 - M_M)$ 为阈值,其中 a 为相对振幅比,$0 < a < 1$。对于确定的 a,可以令大于阈值的极大值点个数为 N,并取前 N 个最大的极大值点求边界,边界求出后,N 个区间段中的每一段都可表示为 $A_n = [M_{n-1}, M_n]$,经反复实验,取 $a = 0.2$。由此可得到所有的区间边界,M_n 为第 n 个边界,经验小波的母小波定义为 A_n 上的带通滤波器,经验尺度函数 $\overset{\wedge}{\varphi}_n(w)$ 和经验小波函数 $\overset{\wedge}{\psi}_n(w)$ 通过文献[115]计算。由此可得 EWT 的细节系数和近似系数:

$$W_x^\varepsilon(x,t) = < x, \psi_n > = F^{-1}(\hat{x}(w) \overline{\hat{\psi}_n(w)}) \tag{6-15}$$

$$W_x^\varepsilon(0,t) = < x, \varphi_1 > = F^{-1}(\hat{x}(w) \overline{\hat{\varphi}_1(w)}) \tag{6-16}$$

信号重建公式如式(6-17)所示:

$$x(t) = W_x^\varepsilon(0,t) * \varphi_1(t) + \sum_{n=1}^{N-1} W_x^\varepsilon(n,t) * \psi_n(t) \tag{6-17}$$

式中:$*$ 代表卷积操作,则信号 $x(t)$ 可被分解为:

$$x_0(t) = W_x^\varepsilon(0,t) * \varphi_1(t) \tag{6-18}$$

$$x_k(t) = W_x^\varepsilon(k,t) * \psi_k(t) \tag{6-19}$$

式中:$k = 1, 2, \cdots, N-1$。

设置仿真信号 $x(t)$ 由 4 个分量叠加,见式(6-20),其中 $x_1(t)$ 为余弦信号,$x_2(t)$ 和 $x_3(t)$ 为调频信号,$x_4(t)$ 为高斯白噪声。

$$\begin{cases} x(t) = x_1(t) + x_2(t) + x_3(t) + x_4(t) \\ x_1(t) = \cos(30\pi t) \\ x_2(t) = 0.6\cos[50\pi t - 4\cos(10t)] \\ x_3(t) = 0.3\cos[80\pi t - 6\cos(10t)] \\ x_4(t) = \mathrm{randn}(n) \end{cases} \tag{6-20}$$

分别采用 MEWT 和原始 EWT 的 4 种频谱分割方法对 $x(t)$ 进行分解,结果如图 6-1~图 6-5 所示。

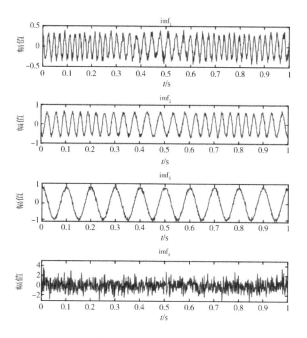

图 6-1　MEWT 分解结果

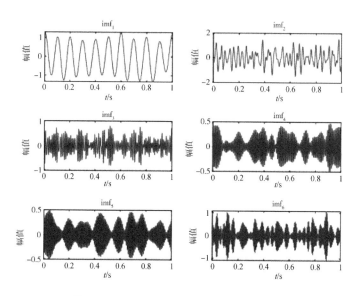

图 6-2　EWT(尺度空间频谱分割法)分解结果

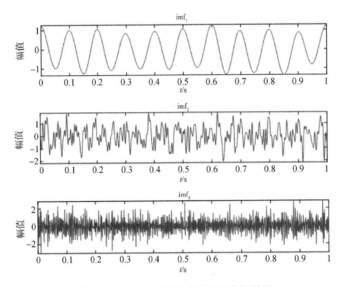

图 6-3　EWT(自适应分割法)分解结果

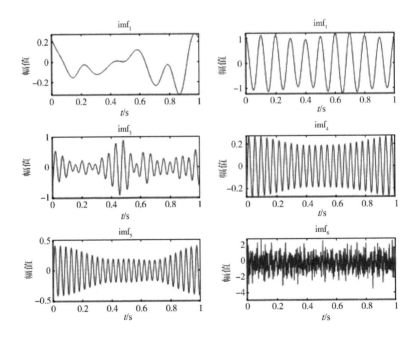

图 6-4　EWT(局部极大极小值方法)分解结果

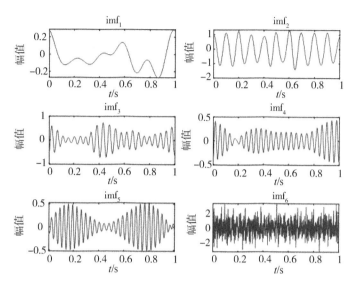

图 6-5　EWT(局部极大值方法)分解结果

再取与 $x(t)$ 相关性较强的前 3 层进行重构分析,其时频谱分别如图 6-6~图 6-10 所示,可见,与原始 EWT 相比,MEWT 能较为准确地分解仿真信号,对噪声鲁棒性较强。

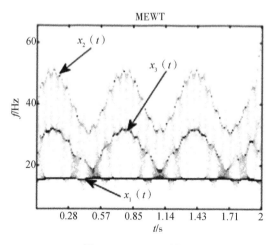

图 6-6　MEWT 时频图

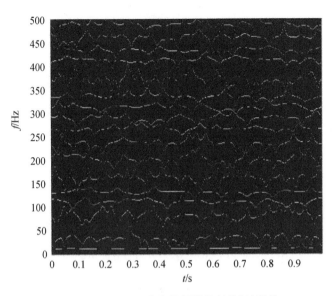

图 6-7　EWT(尺度空间频谱分割法)时频谱

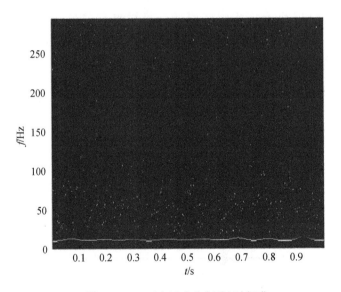

图 6-8　EWT(自适应分割法)时频谱

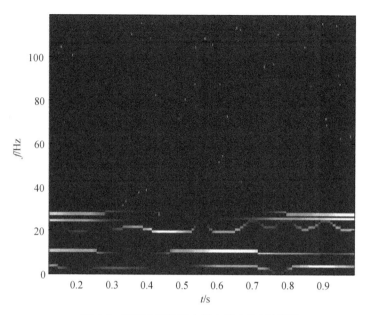

图 6-9　EWT(局部极大极小值方法)时频谱

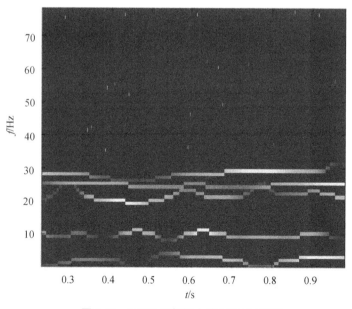

图 6-10　EWT(局部极大值方法)时频谱

6.2.3 辛几何模态分解

辛几何模态分解(symplectic geometry mode decomposition,SGMD)是一种新的信号分解方法,能保持负压波信号时间序列的本质特征不变,适用于非线性系统过程的分析。SGMD 首先利用功率谱密度(power spectral density,PSD)自适应确定负压波信号的嵌入维数;然后构造辛几何,利用辛几何相似变换求解哈密顿矩阵的特征值;最后,利用对角平均和自适应重构方法获得辛几何模态分量。设负压波信号 $x = x_1, x_2, \cdots, x_n$,根据 Takens 嵌入定理,信号 x 可映射到一轨迹矩阵 $\boldsymbol{X}$,其包含信号 x 的所有动态信息:

$$\boldsymbol{X} = \begin{bmatrix} x_1 & x_{1+\tau} & \cdots & x_{1+(d-1)\tau} \\ \vdots & \vdots & & \vdots \\ x_m & x_{m+\tau} & \cdots & x_{m+(d-1)\tau} \end{bmatrix} \tag{6-21}$$

式中:d 为嵌入维度,τ 为延迟时间,$m = n - (d-1)$。首先计算信号 x 的 PSD,然后计算 PSD 中最大峰值所对应的频率 $f_{\max}$。如果其归一化频率小于给定阈值 10^{-3},取 $d = n/3$,否则,取 $d = 1.2 \times (F_s / f_{\max})$,$F_s$ 为采样频率。为构造哈密顿矩阵,对轨迹矩阵进行自相关分析,得到协方差对称矩阵 $\boldsymbol{A}$:

$$\boldsymbol{A} = \boldsymbol{X}^\mathrm{T} \boldsymbol{X} \tag{6-22}$$

然后由对称矩阵 $\boldsymbol{A}$ 构造哈密顿矩阵 $\boldsymbol{M}$:

$$\boldsymbol{M} = \begin{bmatrix} \boldsymbol{A} & \boldsymbol{0} \\ \boldsymbol{0} & -\boldsymbol{A}^\mathrm{T} \end{bmatrix} \tag{6-23}$$

根据哈密顿矩阵的定义,$\boldsymbol{N} = \boldsymbol{M}^2$ 也为哈密顿矩阵。由此,可构造辛正交矩阵 $\boldsymbol{Q}$,如下:

$$\boldsymbol{Q}^\mathrm{T} \boldsymbol{N} \boldsymbol{Q} = \begin{bmatrix} \boldsymbol{B} & \boldsymbol{R} \\ \boldsymbol{0} & \boldsymbol{B}^\mathrm{T} \end{bmatrix} \tag{6-24}$$

式中:$\boldsymbol{Q}$ 为正交辛矩阵,其目的是使哈密顿矩阵的结构在矩阵变换过程中不被破坏,$\boldsymbol{B}$ 为上三角矩阵。通过施密特正交化方法将矩阵 $\boldsymbol{B}$ 变换为矩阵 $\boldsymbol{N}$,并计算矩阵 $\boldsymbol{B}$ 的特征值 $\lambda_1, \lambda_2, \lambda_3, \cdots, \lambda_d$。根据哈密顿矩阵的性质,矩阵 $\boldsymbol{A}$ 的特征值如下:

$$\sigma_i = \sqrt{\lambda_i} \ (i = 1, 2, \cdots, d) \tag{6-25}$$

$\boldsymbol{X}$ 的辛几何模态向量由 $\boldsymbol{A}$ 的降序特征值构成,即:

$$\sigma_1 > \sigma_2 > \cdots > \sigma_d \tag{6-26}$$

其中,σ_i 的分布为矩阵 $\boldsymbol{A}$ 的辛几何谱,$\boldsymbol{Q}_i (i=1,2,\cdots,d)$ 为对应于矩阵 $\boldsymbol{A}$ 的特征值 σ_i 的特征向量。令 $\boldsymbol{S} = \boldsymbol{Q}^{\mathrm{T}} \boldsymbol{X}$,$\boldsymbol{Z} = \boldsymbol{Q} \boldsymbol{S}$,$\boldsymbol{Z}$ 为重建的轨迹矩阵。各分量矩阵的重构步骤如下。

首先,计算变换系数矩阵:

$$\boldsymbol{S}_i = \boldsymbol{Q}_i^{\mathrm{T}} \boldsymbol{X}^{\mathrm{T}} \tag{6-27}$$

然后对 $\boldsymbol{S}_i$ 进行变换,得到单分量成分 $\boldsymbol{Z}_i$:

$$\boldsymbol{Z}_i = \boldsymbol{Q}_i \boldsymbol{S}_i \tag{6-28}$$

式中:$i=1,2,\cdots,d$,类似地,初始单分量轨迹矩阵 $\boldsymbol{Z}$ 可以表示为:

$$\boldsymbol{Z} = \boldsymbol{Z}_1 + \boldsymbol{Z}_2 + \cdots + \boldsymbol{Z}_d \tag{6-29}$$

式中:$\boldsymbol{Z}$ 为 $m \times d$ 矩阵。对初始单分量成分重新排序,并且重建矩阵 $\boldsymbol{Z}$,可通过对角平均变换为长度为 n 的一组新的时间序列。

对任意的初始单分量成分 $\boldsymbol{Z}_i$,定义 $\boldsymbol{Z}_i$ 中的元素为 z_{ij},$1 \leqslant i \leqslant d$,$1 \leqslant j \leqslant m$,且 $d^* = \min(m,d)$,$m^* = \max(m,d)$,$n = m + (d-1)\tau$,令

$$z_{ij}^* = \begin{cases} z_{ij} & \text{if } m < d \\ z_{ji} & \text{if } m \geqslant d \end{cases} \tag{6-30}$$

对角平均转换矩阵如下:

$$y_k = \begin{cases} \dfrac{1}{k} \displaystyle\sum_{p=1}^{k} z_{p,k-p+1}^* & 1 \leqslant k \leqslant d^* \\[2mm] \dfrac{1}{d^*} \displaystyle\sum_{p=1}^{d^*} z_{p,k-p+1}^* & d^* < k \leqslant m^* \\[2mm] \dfrac{1}{n-k+1} \displaystyle\sum_{p=k-m^*+1}^{n-m^*+1} z_{p,k-p+1}^* & m^* < k \leqslant n \end{cases} \tag{6-31}$$

通过对角平均可将矩阵 $\boldsymbol{Z}$ 变换为 $d \times n$ 维的矩阵 $\boldsymbol{Y}$,从而将信号 x 分解为 d 个具有不同趋势项和不同频带的独立分量:

$$\boldsymbol{Y} = \boldsymbol{Y}_1 + \boldsymbol{Y}_2 + \cdots + \boldsymbol{Y}_d \tag{6-32}$$

由于环境因素干扰,负压波信号通常包含噪声分量,因此有必要设置重构迭代终止条件。由于信号的主要成分分布在矩阵的前端,首先将第一个初

始单分量成分 Y_1 和其余成分与一些特征相比较,将高相似度的成分求和获得第一分量 SGC_1;然后将 SGC_1 的重构分量从矩阵 Y 中去除,剩余矩阵表示为 G_1;最后,通过对残差信号求和得到剩余信号 g^1,计算残差与原始信号之间的归一化均方误差:

$$\text{NMSE}^h = \frac{\sum_{e=1}^{n} g^h(e)}{\sum_{e=1}^{n} x(e)} \tag{6-33}$$

式中:h 为迭代次数。当归一化的平均平方误差小于给定阈值 th=1‰时,整个分解过程结束。另外,将残差矩阵作为迭代的原始矩阵重复上述迭代过程,直到满足迭代停止条件,最终结果如下:

$$x = \sum_{h=1}^{N} SGC^h + g^{(N+1)} \tag{6-34}$$

式中:N 为所分解的模态分量个数。可以证明,在每次迭代时,残差 g 的能量都会减少。为验证 SGMD 的分解效果,进行模拟信号分析,模拟信号 $f(t)$ 由 4 个分量叠加而成,见式(6-35):

$$\begin{cases} f(t) = f_1(t) + f_2(t) + f_3(t) + f_4(t) \\ f_1(t) = \cos(40\pi t) \\ f_2(t) = 0.64\cos[60\pi t - 3\cos(20t)] \\ f_3(t) = 0.32\cos[40\pi t - \sin(20t)] \\ f_4(t) = randn(n) \end{cases} \tag{6-35}$$

式中:$f_1(t)$ 为余弦信号,$f_2(t)$、$f_3(t)$ 为调频信号,$f_4(t)$ 为白噪声。采用 CEEMD 和 SGMD 分别对 $f(t)$ 进行分解,如图 6-11 和 6-12 所示。

由图 6-11、6-12 可知,CEEMD 产生了较为严重的模态混叠效应,SGMD 分解出的 SCG_1、SCG_2 和 SCG_3 分量分别对应于 $f_2(t)$、$f_3(t)$ 和 $f_1(t)$,表明 SGMD 能较为准确地分解仿真信号,对噪声鲁棒性较强。

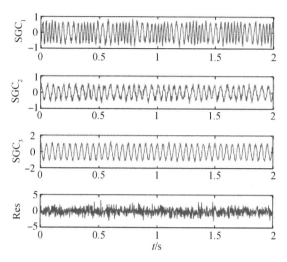

图 6-11 SGMD 分解结果

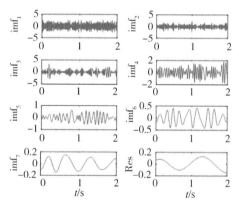

图 6-12 CEEMD 分解结果

6.2.4 小结

本节提出了几种新的负压波信号降噪方法,并对其原理进行了研究分析,并且通过仿真实例验证了其有效性,为后续深度学习模型在管道漏失识别中的应用奠定了良好的理论基础。

6.3 基于半监督深度学习的管道漏失识别研究

6.3.1 深层自动编码器

深层自动编码器(deep auto-encoder,DAE)是一种典型的半监督深度学习模型,其训练过程需要大量的未标记数据样本和少量的带标记样本,所以比较适合实际应用时带标记数据样本少而未标记数据样本多的问题。

自动编码器(auto-encoder,AE)是一种3层无监督神经网络,目的是将输入数据和输出数据的重建误差降至最低,从而自动完成特征提取,标准自动编码器的结构如图6-13所示:

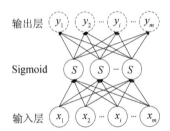

图 6-13　标准自动编码器结构

标准自动编码器包括输入层、隐层和输出层,激活函数一般是 Sigmoid 函数或 ReLU 函数,对于未标记的训练样本 $\boldsymbol{x}=[x_1,x_2,\cdots,x_m]^{\mathrm{T}}$,自动编码器的第一步是将输入数据 x 通过 Sigmoid 激活函数变换为隐层特征向量 $\boldsymbol{h}=[h_1,h_2,\cdots,h_p]^{\mathrm{T}}$:

$$\boldsymbol{h}=\mathrm{Sigmoid}(\boldsymbol{Wx}+\boldsymbol{b}) \tag{6-36}$$

$$\mathrm{Sigmoid}(t)=1/(1+\mathrm{e}^{-t}) \tag{6-37}$$

式中:W 是权重矩阵,b 是偏置向量,$\{W,b\}$ 是输入层和隐层之间的参数集。

自动编码器的第二步是将隐层向量 h 映射回重构向量 $\hat{\boldsymbol{x}}=[\hat{x}_1,\hat{x}_2,\cdots,\hat{x}_m]^{\mathrm{T}}$:

$$\hat{\boldsymbol{x}}=\mathrm{Sigmoid}(\boldsymbol{W}'\boldsymbol{h}+\boldsymbol{b}') \tag{6-38}$$

式中：$\boldsymbol{\theta}' = \{\boldsymbol{W}', \boldsymbol{b}'\}$ 是隐层和输出层之间的参数集。

训练自动编码器的目的是优化参数集 $\{\boldsymbol{\theta}, \boldsymbol{\theta}'\} = \{\boldsymbol{W}, \boldsymbol{b}, \boldsymbol{W}', \boldsymbol{b}'\}$ 以最小化重建误差。一般自动编码器的重建误差采用均方误差代价函数，对于 S 个未标记的训练样本集 $\{x^1, x^2, \cdots, x^S\}$，重建误差定义为

$$E = \frac{1}{S} \sum_{s=1}^{S} \left[\frac{1}{2} \sum_{i=1}^{m} (\hat{x}_i^s - x_i^s)^2 \right] \tag{6-39}$$

式中：$\boldsymbol{x}^s = [x_1^s, x_2^s, \cdots, x_m^s]^{\mathrm{T}}(s=1,2,\cdots,S)$ 是样本集中的第 s 个输入样本。S 是未标记训练样本的个数，m 是每个样本的维数。x_i^s 是第 s 个输入样本 x^s 的第 i 维输入，$\hat{x}_i^s$ 是重建样本的第 i 维重构输出。

AE 可用于对管道漏失负压波信号进行无监督特征学习，为进一步提高所学习特征的质量，在 AE 的基础上构建 DAE。DAE 堆叠多个 AE，采取逐层贪婪训练方法，将上一级 AE 的隐层输出作为下一级 AE 的输入，同时保证损失函数最小化，从而构成多层次的网络结构。在 DAE 训练过程中，所需的训练样本均无标记训练样本，因此属于无监督学习。预训练完成后，为进一步优化网络所提取的特征，在 DAE 最后一层加上 Softmax 层，使用带标签样本结合 BP 算法对网络整体微调，3 隐层 DAE 结构如图 6-14 所示，首先，使用采集到的负压波信号数据（未标记）训练第 1 个 AE，并学习第一隐层特征（低层特征）；其次，第 1 隐层特征成为第 2 个 AE 的输入，用于学习第 2 隐层特征（高层特征）；再次，第 2 隐层特征成为第 3 个 AE 的输入，以获得第 3 隐层特征（最高层特征）；最后，将学习到的最高层特征输入到 Softmax 分类器中进行有监督微调训练，进而完成模式识别。

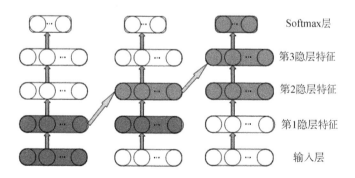

图 6-14　3 隐层 DAE 结构

6.3.2　深层小波自动编码器(deep wavelet auto-encoder,DWAE)

标准自动编码器的目的是最小化输入和输出之间的重构误差以逼近一个恒等函数,从而自动完成特征提取,具有一定的鲁棒性和无监督学习的能力。而小波函数具有一定的时频局部化能力,因此,使用小波激活函数代替自动编码器的 Sigmoid 函数,具有更优异的特征提取和表示的性能,用来解决实际问题是非常有意义的。本书提出了一种小波自动编码器(wavelet auto-encoder,WAE),可以较大程度地提高管道参数信号的无监督特征学习能力。WAE 采用小波函数作为激活函数,而不是传统的 Sigmoid 函数,因此可以描述不同分辨率的信号特征。WAE 的结构如图6-15所示。

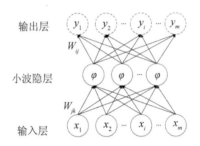

图 6-15　小波自动编码器结构

设未标记输入样本 $\boldsymbol{x}=[x_1,\cdots,x_m]^T\in\mathbf{R}^m$,则隐层小波节点 j 的输出为:

$$h_j=\varphi\left(\frac{\sum_{k=1}^m W_{jk}x_k-c_j}{a_j}\right) \tag{6-40}$$

式中:m 为 WAE 输入层和输出层神经元个数,W_{jk} 是连接隐层小波神经元 j 和输入层神经元 k 的权值,a_j 和 c_j 分别为隐层小波节点 j 的尺度参数和平移参数。由于高斯小波在时域、频域均有良好的分辨率,本书中 φ 取高斯小波激活函数,表达式如下:

$$\varphi(t)=\frac{t}{\sqrt{2\pi}}\exp\left(-\frac{t^2}{2}\right) \tag{6-41}$$

则隐层小波神经元 j 的输出改写为

$$h_j = \left(\frac{\sum\limits_{k=1}^{m} W_{jk} x_k - c_j}{a_j \sqrt{2\pi}} \right) \times \exp\left[-\frac{1}{2} \left(\frac{\sum\limits_{k=1}^{m} W_{jk} x_k - c_j}{a_j} \right)^2 \right] \quad (6\text{-}42)$$

输出层神经元 i 的输出为

$$y_i = \text{Sigmoid}\left\{ \sum_{j=1}^{L} W_{ij} * \left(\frac{\sum\limits_{k=1}^{m} W_{jk} x_k - c_j}{a_j \sqrt{2\pi}} \right) \right.$$

$$\left. \times \exp\left[-\frac{1}{2} \left(\frac{\sum\limits_{k=1}^{m} W_{jk} x_k - c_j}{a_j} \right)^2 \right] \right\} \quad (6\text{-}43)$$

式中：W_{ij} 为隐层小波节点 j 与输出层节点 i 之间的连接权值，L 为隐层节点个数。训练 WAE 就是不断调整参数，最后找到一组最优的参数 $\{W_{ij}, W_{jk}, a_j, c_j\}$，使输入和输出之间的重构误差最小化。WAE 各参数更新公式一般如式 6-44 所示，式中：η 为 WAE 的学习率，$L_{\text{WAE}}(R)$ 是 WAE 第 R 次迭代的重构误差。标准 WAE 抗噪能力弱，泛化能力弱，因此，本书使用新的 WAE 误差函数，加入降噪自动编码机制、Dropout 机制和收缩自动编码机制，并改进参数更新策略，详细如下：

$$\left. \begin{aligned} W_{ij}(R+1) &= W_{ij}(R) - \eta \frac{\partial L_{\text{WAE}}(R)}{\partial W_{ij}} \\[2mm] W_{jk}(R+1) &= W_{jk}(R) - \eta \frac{\partial L_{\text{WAE}}(R)}{\partial W_{jk}} \\[2mm] a_j(R+1) &= a_j(R) - \eta \frac{\partial L_{\text{WAE}}(R)}{\partial a_j} \\[2mm] c_j(R+1) &= c_j(R) - \eta \frac{\partial L_{\text{WAE}}(R)}{\partial c_j} \end{aligned} \right\} \quad (6\text{-}44)$$

标准 WAE 的损失函数是用均方误差函数设计的，对于复杂信号的特征学习鲁棒性较低。相关熵是一种非线性局部相似测度，最大相关熵对复杂和非平稳背景噪声不敏感。因此，最大相关熵具有匹配复杂信号特征的潜力，可以弥补均方误差函数的缺陷。因此，本书采用最大相关熵设计了新的 WAE 损失函数。设两个随机变量 $\boldsymbol{A} = [A_1, A_2, \cdots, A_N]^{\mathrm{T}}$ 和 $\boldsymbol{B} = [B_1, B_2, \cdots, B_N]^{\mathrm{T}}$，相关熵定义如下：

$$V_\sigma(\boldsymbol{A}, \boldsymbol{B}) = E[k_\sigma(\boldsymbol{A}, \boldsymbol{B})] = \int k_\sigma(a, b)\, \mathrm{d}F_{AB}(a, b) \quad (6\text{-}45)$$

式中:$E[\cdot]$为期望算子,$k_\sigma(\cdot)$为 Mercer 核,$F_{AB}(a,b)$为联合概率密度函数。在实际应用时,联合概率密度函数一般是未知的,只有有限的样本集,则估计相关熵计算如下:

$$V_\sigma(\boldsymbol{A},\boldsymbol{B}) = \frac{1}{N}\sum_{i=1}^{N}k_\sigma(A_i,B_i) \tag{6-46}$$

高斯核是相关熵中常用的 Mercer 核,定义如下:

$$k_\sigma(A_i,B_i) = \frac{1}{\sqrt{2\pi}\sigma}\exp\left[-\frac{(A_i-B_i)^2}{2\sigma^2}\right] \tag{6-47}$$

式中:σ 为高斯核函数尺寸,则 WAE 损失函数可以通过最大化以下函数实现:

$$J = \frac{1}{\mathrm{sp}}\sum_{i=1}^{\mathrm{sp}}k_\sigma(x^{\mathrm{in}}-y^{\mathrm{ou}}) \tag{6-48}$$

式中:sp 为样本个数,x^{in}为输入向量,y^{ou}为输出向量。

1.降噪自动编码机制

降噪自动编码机制通过将输入数据加入局部扰动来训练 WAE 以获取更具鲁棒性的特征。本书将输入数据的部分元素按一定比例随机置 0,在训练时要求 WAE 仍然能够还原原始输入,这样可以使 WAE 学习到更好的特征,能显著降低网络的过拟合。

2.Dropout 机制

在 WAE 训练过程中,将隐层神经元按一定概率 P 丢弃,这种方法可以起到模型融合的效果。

3.收缩自动编码机制

收缩自动编码机制通过对损失函数增加收缩惩罚项,使 AE 学到的特征对输入的狭小变动具有鲁棒性,惩罚项如下:

$$\|J_h\|_F^2 = \sum_{j=1}^{L}\left[h_j(1-h_j)\right]^2\sum_{k=1}^{m}W_{jk}{}^2 \tag{6-49}$$

则 WAE 的损失函数如下:

$$L_{\mathrm{WAE}} = -\frac{1}{\mathrm{sp}}\sum_{i=1}^{\mathrm{sp}}k_\sigma(x^{\mathrm{in}}-y^{\mathrm{ou}}) + \sum_{x\in D_{\mathrm{sp}}}\lambda_1\|J_h\|_F^2$$
$$+ \frac{\lambda_2}{2}\sum_{l=1}^{2}\sum_{I=1}^{s_l}\sum_{J=1}^{s_{l+1}}(W_{IJ}^{(l)})^2 \tag{6-50}$$

式中:λ_1 为收缩惩罚项参数,用于调节收缩惩罚项在目标函数中的所占比重;D_{sp} 为 sp 个输入样本集合,λ_2 为权重衰减项系数,用于防止网络过拟合,s_l 是第 l 层的神经元个数($s_1 = s_3 = m$,$s_2 = L$),$W_{IJ}^{(l)}$ 为第 l 层权重,$W_{IJ}^{(1)} = W_{ij}$,$W_{IJ}^{(2)} = W_{jk}$。

4.参数更新策略

对于式(6-44)所示的参数更新算法,学习率 η 是一个全局性常数,η 过大不利于网络收敛,η 过小耗时过多,因此,引入自适应调整策略,以 W_{ij} 更新为例,如式(6-51)所示,该更新策略在网络迭代开始阶段,网络有较大学习率,从而使损失函数加快衰减,随迭代增加,学习率逐渐减小,有助于模型收敛。

$$W_{ij}(R+1) = W_{ij}(R) - \frac{2 - e^{L_{WAE}(R) - L_{WAE}(R-1)}}{\sqrt{1 + \left(\frac{\partial L_{WAE}(R)}{\partial W_{ij}}\right)^2}} * \frac{\partial L_{WAE}(R)}{\partial W_{ij}} \quad (6-51)$$

WAE 可用于对管道漏失负压波信号进行无监督特征学习,为进一步提高所学习特征的质量,在 WAE 的基础上构建深层小波自动编码器(deep wavelet auto-encoder,DWAE)。DWAE 堆叠多个 WAE,采取逐层贪婪训练方法,将上一级 WAE 的隐层输出作为下一级 WAE 的输入,同时保证损失函数最小化,从而构成多层次的网络结构。在 DWAE 训练过程中,所需的训练样本均无标记训练样本,因此属于无监督学习。预训练完成后,为进一步优化网络所提取的特征,在 DWAE 最后一层加上 Softmax 层,使用带标签样本结合 BP 算法对网络整体微调,3 隐层 DWAE 结构如图 3-2 所示,首先,使用采集到的轴承振动数据(未标记)训练第 1 个 WAE,并学习第一隐层特征(低层特征);其次,第 1 隐层特征成为第 2 个 WAE 的输入,用于学习第 2 隐层特征(高层特征);再次,第 2 隐层特征成为第 3 个 WAE 的输入,以获得第 3 隐层特征(最高层特征);最后,将学习到的最高层特征输入到 Softmax 分类器中进行有监督微调训练,进而完成模式识别。

在 DWAE 微调过程中,容易出现梯度消失现象。为提高 DWAE 的性能,本书使用"跨层"连接机制。"跨层"DWAE 结构如图 6-16(a)所示,图6-16(a)所示为单"跨层"DWAE 网络,可看作一个深 DWAE 网络与一个浅 DWAE 网络耦合形成,如图 6-16(b)所示。考虑 DWAE 不同层次的特征在管道漏失识别中的贡献,定义"⊕"处的传播方式如下:

1）前向传播

负压波信号进入输入层后,在第 1 隐层上产生一条辅线,将其提取的特征与第 $n-1$ 个隐层提取的特征联立,作为第 n 个隐层的输入,如下:

$$\boldsymbol{H}_n = (\boldsymbol{H}_1 \ \boldsymbol{H}_{n-1}) \tag{6-52}$$

式中:$\boldsymbol{H}_n$ 为第 n 隐层的特征矩阵;$\boldsymbol{H}_1$ 为第 1 隐层的特征矩阵;$\boldsymbol{H}_{n-1}$ 为第 $n-1$ 隐层的特征矩阵。

2）反向传播

在第 n 个隐层进行反向传播时,其梯度矩阵分为主线 g_n^1 和辅线 g_n^2,主线 g_n^1 的传播方式为逐层传播,经多个隐层传至 $\boldsymbol{G}_2$,辅线 g_n^2 直接与 $\boldsymbol{G}_2$ 加权耦合得到 $\boldsymbol{G}_1$,作为第 1 隐层的梯度矩阵,如下:

$$\boldsymbol{G}_1 = p\,\boldsymbol{G}_2 + q\,\boldsymbol{G}_n \tag{6-53}$$

式中:$\boldsymbol{G}_1$ 为第 1 隐层的梯度矩阵;$\boldsymbol{G}_2$ 为第 2 隐层的梯度矩阵;$\boldsymbol{G}_n$ 为第 n 隐层的梯度矩阵;p 和 q 分别为主线和辅线的梯度矩阵耦合比例,用 $(p:q)$ 表示。

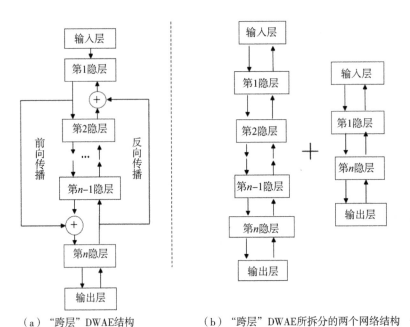

（a）"跨层"DWAE结构　　　　（b）"跨层"DWAE所拆分的两个网络结构

图 6-16　"跨层"连接机制

6.3.3　深层脊波自动编码器(deep ridgelet auto-encoder,DRAE)

脊波(ridgelet)包含尺度因子、位移因子和方向因子,位移因子使脊波沿信号的时间轴进行遍历性分析,尺度因子用于分析信号的不同频率,方向因子用于分析信号不同方向的特性,因此,将脊波作为 DAE 的激活函数具有更明显的优势。脊波自动编码器(ridgelet auto-encoder,RAE)使用脊波代替 AE 的 Sigmoid 函数,具有比 AE 更优的特征提取和表示的性能,结构如图6-17所示。

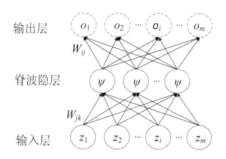

图 6-17　RAE 结构

给定 m 维输入向量 $z = [z_1, \cdots, z_m]^T$,隐层脊波神经元 j 的输出为

$$h_j = \psi\left(\frac{u_j \sum_{k=1}^{m} W_{jk} * z_k - c_j}{a_j}\right) \tag{6-54}$$

式中:m 为 RAE 输入层和输出层神经元个数,L 为隐层神经元个数,W_{jk} 是输入层神经元 k 和隐层神经元 j 的连接权值,a_j、c_j 和 u_j 分别为隐层神经元 j 的尺度因子、平移因子和方向因子。ψ 为小波函数,以 Morlet 小波的实部为例,表达式如下:

$$\psi(t) = \cos(5t) \exp\left(-\frac{t^2}{2}\right) \tag{6-55}$$

则脊波神经元 j 的输出重写为

$$h_j = \cos\left(5 * \frac{u_j \sum_{k=1}^{m} W_{jk} * z_k - c_j}{a_j}\right) \exp\left[-\frac{1}{2}\left(\frac{u_j \sum_{k=1}^{m} W_{jk} * z_k - c_j}{a_j}\right)^2\right]$$

$$\tag{6-56}$$

输出层神经元 i 的输出为

$$o_i = \mathrm{Sigmoid}\Big(\sum_{j=1}^{L} W_{ij} h_j\Big) \tag{6-57}$$

$$\mathrm{Sigmoid}(t) = 1/(1 + \mathrm{e}^{-t}) \tag{6-58}$$

式中：W_{ij} 是输出层神经元 i 和隐层神经元 j 的连接权值。DRAE 堆叠多个 RAE，采取逐层训练方法，将上一级 RAE 的隐层输出作为下一级 RAE 的输入，同时保证损失函数最小化，从而构成多层次的网络结构。在 DRAE 预训练过程中，所需的训练样本均为无标签样本，因此是非监督学习。预训练完成后，为进一步优化网络所提取的特征，在 DRAE 最后一层加上 Softmax 层，使用带标签样本结合 BP 算法对网络整体微调。

6.3.4 深层小波卷积自编码器（deep wavelet convolutional auto-encoder，DWCAE）

一维卷积神经网络（one-dimensional convolutional neural network，1D-CNN）由一维卷积核和一维池化核构建。设 c 为当前层次，i^c 为该层输入，o^c 表示该层输出，w^c 和 b^c 分别为该层连接权值和偏置，可得 $i^c = w^c * i^{c-1} + b^c$，则该层输出如下：

$$o^c = \mathrm{ReLU}(i^c) \tag{6-59}$$

式中：ReLU 为修正线性单元函数。对于卷积层，其前向传播公式如下：

$$o_j^c = \mathrm{ReLU}\Big(\sum_{i \in M_j} o_j^{c-1} * k_{ij}^c + b_j^c\Big) \tag{6-60}$$

式中：j 表示第 j 个特征映射图，M_j 表示特征图集合，该特征图集合为第 c 层的第 j 个特征图和第 $c-1$ 层相连接部分，k 表示该层卷积核权重，$*$ 为卷积符号。对于池化层，前向传播公式如下：

$$o_j^c = \mathrm{ReLU}(a_j^c \mathrm{down}(o_j^{c-1}) + b_j^c) \tag{6-61}$$

down() 为下采样函数，a_j^c 为偏置。DWAE 基于全连接神经网络，得到的特征编码可以较好地重构原始数据，不易陷入局部最优，但 DWAE 所需要调整的参数众多；而 1D-CNN 具有稀疏连接特性和权值共享特性，网络的参数个数较少，学习到的特征在尺度、位移上具有特征不变性，但随着网络层数的加深梯度传递衰减严重，易陷入局部最优。因此本书将 DWAE 和 1D-CNN 相结合，提出深层小波卷积自编码器(deep wavelet convolutional auto-encoder,DWCAE)。

对于输入信号 x,小波卷积自编码器(wavelet convolutional auto-encoder,WCAE)第 k 个神经元的特征编码过程可以表示为

$$h^k = \psi[(x * W^k - c^k)./a^k] \tag{6-62}$$

式中:ψ 为小波函数,W^k 为卷积核权重矩阵,a^k 和 c^k 分别为隐层小波神经元的尺度因子和平移因子,$*$ 为卷积符号,$./$ 为按元素相除符号。由于高斯小波在时域、频域均有良好的分辨率,因此,本书 ψ 取高斯小波函数,表达式如下:

$$\psi(t) = \frac{t}{\sqrt{2\pi}} \exp\left(-\frac{t^2}{2}\right) \tag{6-63}$$

本书省去池化操作,重构信号为反卷积操作,如下:

$$y = \text{Sigmoid}\left[\sum_{k=1}^{L} h^k * W_{\text{T}}^k + b\right] \tag{6-64}$$

式中:L 为隐层神经元个数,每个神经元表示一种特征映射,W_T^k 为卷积核权重矩阵转置,b 为偏置向量,Sigmoid 函数表达式如下:

$$\text{Sigmoid}(t) = 1/(1 + e^{-t}) \tag{6-65}$$

DWCAE 堆叠多个 WCAE,采取逐层训练方法,将上一级 WCAE 的隐层卷积输出作为下一级 WCAE 的输入,同时保证损失函数最小化,从而构成多层次的网络结构,直到整个 DWCAE 完成训练。在卷积自编码过程中,所需的训练样本均为无标签样本,因此是一种非监督学习方式,每一层 WCAE 都为浅层网络,可以降低网络陷入局部最优的风险。本书优化算法采用自适应动量法(adaptive moments,Adam),卷积层、反卷积层的梯度计算及 Adam 算法流程见文献[123]。

6.3.5　深层 Wasserstein 自编码器(deep Wasserstein auto-encoder, DWAAE)

DAE 直接将输入信号映射为隐层向量,再通过解码器复现输入,极易受到噪声影响,且所需训练参数众多导致训练时间较长,学习到的特征不具备平移不变性。深层变分自动编码器(deep variational auto-encoder,DVAE)作为 DAE 的改进,将输入信号映射为一组特殊的概率分布,再从概率分布中随机采样得到隐层向量,提高了对环境噪声的鲁棒性,但同时存在"模态崩

塌"(模型无法描述真实数据分布的多样性)的缺陷;Wasserstein 自编码器(Wasserstein auto-encoder,WAAE)将变分自动编码器和生成对抗网络(generative adversarial network,GAN)的优势结合,能描述真实振动信号分布的多样性,避免"模态崩塌"现象。

设编码器为 Q,解码器为 G,输入数据 X 的概率分布为 P_X,隐层编码 Z 的先验分布为 P_Z,重构数据的概率分布为 P_G,由隐层编码 Z 生成数据 X 的生成模型为 $P_G(X|Z)$,由数据 X 生成隐层编码 Z 的编码模型为 $Q(Z|X)$,VAE 和 WAAE 的模型架构如图 6-18 和图 6-19 所示。

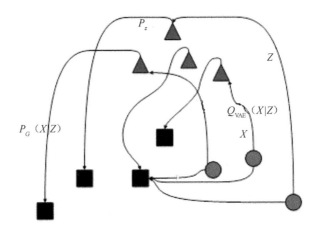

图 6-18　VAE 架构

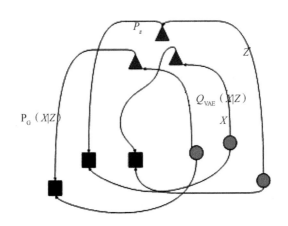

图 6-19　WAAE 架构

对所有从 P_X 中取样的不同的输入样本 x，VAE 迫使 $Q(Z\,|\,X=x)$ 匹配 P_Z（图 6-18 中红色圆形表示 Q_Z，蓝色三角形表示 P_Z）。相反，WAAE 迫使连续的混合分布 Q_Z 匹配 P_Z（如图 6-19 的红色圆形所示），因而不同样本的隐层编码可能彼此相距较远，以便更好地进行重建。WAAE 的优化目标为最小化重构损失函数，为了衡量重构损失，需要衡量两个概率分布（原输入数据的概率分布 P_X 和重构数据的概率分布 P_G）之间的距离。衡量概率分布之间的距离最常用的两类方法是 f-散度（f-divergences）和最优传输（optimal transport，OT）。本书使用 OT 方法，OT 的定义如下：

$$W_c(P_X,P_G):=\inf_{\Gamma\in p(X\sim P_X,Y\sim P_G)}E_{(X,Y)\sim\Gamma}[c(X,Y)] \qquad (6\text{-}66)$$

式中：$c(X,Y)$ 为损失函数，最终计算如下：

$$D_{\text{WAE}}(P_X,P_G):=\inf_{Q(Z|X)\in Q}E_{P_X}E_{Q(Z|X)}[c(X,G(Z))]+\lambda\cdot D_Z(Q_Z,P_Z)$$

$$(6\text{-}67)$$

式中：与 VAE 类似，编码器 Q 和解码器 G 的参数由深层神经网络估计；$D_Z(Q_Z,P_Z)$ 称为正则子，本书使用基于最大均值误差（maximum mean discrepancy，MMD）的正则子，令 $D_Z(Q_Z,P_Z)=\text{MMD}_k(P_Z,Q_Z)$，则 $\text{MMD}_k(P_Z,Q_Z)$ 通过以下公式计算：

$$\text{MMD}_k(P_Z,Q_Z)=\left\|\int_Z k(z,\bullet)\mathrm{d}P_Z(z)-\int_Z k(z,\bullet)\mathrm{d}Q_Z(z)\right\| \quad (6\text{-}68)$$

式中：$k(\bullet)$ 为正的再生核函数。DWAAE 堆叠多个 WAAE，能进一步提高网络学习到的特征的质量。首先，利用无标签的轴承振动信号样本训练第一层 WAAE，得到第 1 隐层特征；其次，将第 1 隐层特征输入第 2 层 WAAE，得到第 2 隐层特征；以此类推；最后，利用少量带标签样本对整个深层网络有监督微调。

6.3.6　深层收缩区分自动编码器（deep contractive discriminate auto-encoder，DCDAE）

AE 的均方损失函数如下：

$$J=\sum_{i=1}^{N}L(\boldsymbol{x}_i,\boldsymbol{y}_i)=\sum_{i=1}^{N}\|\boldsymbol{y}_i-\boldsymbol{x}_i\|_2^2 \qquad (6\text{-}69)$$

式中：x_i 为输入样本，y_i 为重构样本，N 为样本数目。上述损失函数虽然可以较好地重建输入信号，但其噪声鲁棒性较低，且对输入信号在一定程度下的扰动不具备不变性，为了提升 AE 对输入信号微小变化的鲁棒性，本书在均方损失函数的基础上加入一阶收缩惩罚项和二阶收缩惩罚项。一阶收缩惩罚项为输入信号隐层特征 Jacobian 矩阵的 F 范数，使特征空间在训练样本附近的映射达到收缩效果，如下：

$$\left\| H_f(x) \right\|_F^2 = \left\| \frac{\partial J_f(\boldsymbol{x})}{\partial \boldsymbol{x}} \right\|_F^2 \tag{6-70}$$

二阶收缩项惩罚项为输入信号隐层特征 Hessian 矩阵的 F 范数，如下：

$$\left\| H_f(x) \right\|_F^2 = \left\| \frac{\partial J_f(\boldsymbol{x})}{\partial \boldsymbol{x}} \right\|_F^2 \tag{6-71}$$

均方损失函数是让 AE 的信号重构误差尽量小，以学习到输入信号的全部信息，而一阶和二阶收缩惩罚项只会学习到训练样本上出现的扰动信息，使 AE 对输入扰动具有一定的不变性。同时，为使 AE 学习到的隐层特征对输入信号的结构变化具有可分辨性，在上述损失函数的基础上增加可分辨惩罚项，如下：

$$\text{Tr}(\boldsymbol{S}_w) - \text{Tr}(\boldsymbol{S}_b) \tag{6-72}$$

其中：

$$\boldsymbol{S}_w = \sum_{k=1}^{K} \sum_{n \in C_k} (\boldsymbol{h}_n - \boldsymbol{m}_k)(\boldsymbol{h}_n - \boldsymbol{m}_k)^{\text{T}} \tag{6-73}$$

$$\boldsymbol{S}_b = \sum_{k=1}^{K} N_k (\boldsymbol{m}_k - \boldsymbol{m})(\boldsymbol{m}_k - \boldsymbol{m})^{\text{T}} \tag{6-74}$$

$$\boldsymbol{m}_k = \frac{\sum_{n \in C_k} \boldsymbol{h}_n}{N_k} \tag{6-75}$$

$$\boldsymbol{m} = \frac{\sum_{n=1}^{N} \boldsymbol{h}_n}{N} \tag{6-76}$$

式中：$\boldsymbol{h}_n$ 为 AE 的隐层特征，N_k 是故障类 C_k 的样本数，K 为故障类别数，$\text{Tr}()$ 为取矩阵的迹操作。综上，AE 的损失函数如下：

$$J = \sum_{i=1}^{N} \left\| \boldsymbol{y}_i - \boldsymbol{x}_i \right\|_2^2 + \beta \left\| J_f(\boldsymbol{x}) \right\|_F^2 + \eta \left\| H_f(\boldsymbol{x}) \right\|_F^2$$

$$+\lambda(\mathrm{Tr}(\boldsymbol{S}_w) - \mathrm{Tr}(\boldsymbol{S}_b)) \qquad (6\text{-}77)$$

式中：β,η,λ 分别为一阶收缩惩罚项系数、二阶收缩惩罚项系数和可分辨惩罚项系数。全梯度下降算法的参数更新成本与训练样本总数 N 线性相关，运行时间长且优化效率较低；随机梯度下降算法受噪声影响很大，难以收敛；小批量随机梯度下降算法在每次参数更新过程中随机抽取 BN 个训练样本，并以所抽取样本的梯度平均值作为全局梯度估计值。若 BN＝1，则为随机梯度下降；若 BN＝N，则变为全梯度下降。

6.3.7　小结

本节主要探讨了基于半监督深度学习的管道漏失方法，分别就自编码器的几种模型进行了理论分析，为管道漏失识别奠定了理论基础。

6.4　基于有监督深度学习的管道漏失识别研究

6.4.1　导联卷积神经网络(lead convolution neural network，LCNN)

在当今大数据时代，传统的基于"特征提取＋模式识别"的管道漏失识别方法越来越不能满足自动化诊断要求。深度学习克服传统管道漏失识别方法的固有缺陷，很大程度上摆脱依赖诊断专家的信号处理与特征提取经验。本节提出一种改进导联卷积神经网络(lead convolution neural network，LCNN)管道漏失识别方法。LCNN 用于从负压波信号中自动提取特征并识别漏失故障，避免了人工特征提取。实验结果表明，LCNN 具有很好的可行性和有效性。

采用多传感器对管道进行监测，增加了信息的多样性和完整性，能够更全面地反映滚动管道运行的状态。多传感器数据结构类似于二维图像，但传感器间数据的相关性与传感器内数据的相关性程度不同，若采用普通卷积神经网络对数据的行方向和列方向均进行卷积运算，对图像来说合理，但是运用到多传感器数据，同一传感器内的数据是时间相关的，采用卷积运算是合理的；但传感器间的数据是相互独立的，如果要进行卷积运算，则要考虑到不同传感器的所有不同组合情况。金林鹏等针对多导联心电信号这种特殊的二维数据结构,提出了 LCNN,而多导联心电信号与多传感器负压波信号的数据结构相似,因此,本节针对多传感器数据结构,将 LCNN 引入管道漏失识别中,LCNN 结构如图 6-20 所示。

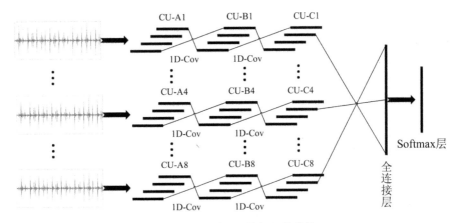

图 6-20 导联卷积神经网络结构

卷积单元 CU 有多个特征面,1D-Cov 为一维卷积运算,每只传感器通道均有 3 个卷积单元,不同传感器间的卷积单元互不相干,本书设置有 8 只传感器,则共有 24 个卷积单元。普通的卷积神经网络只要 3 个卷积单元,每只传感器通道的负压波依次通过最适合自身的 3 个卷积单元,然后汇总所有传感器通道的信息做最后的分类。选择适用于多分类问题的 Softmax 回归层做最后的分类,下面给出 LCNN 前向计算公式。

设输入样本为 $\boldsymbol{x} = [\boldsymbol{x}_1, \boldsymbol{x}_2, \cdots, \boldsymbol{x}_8]$,其中 $x_i (1 \leqslant i \leqslant 8)$ 为第 i 个传感器通道的数据,f_c 为卷积函数,f_s 为池化函数,则网络输出为

$$f(\boldsymbol{x}) = gE(gD(\bigcup_{i=1}^{8} gC_i(gB_i(gA_i(\boldsymbol{x}_i))))) \tag{6-78}$$

式中:gA_i, gB_i, gC_i 表达式均为 $f_s(f_c(x))$,但计算权值不同,两函数的计算公式如下:

$$f_c(v) = \bigcup_{j,x} v_{ij}^x = \bigcup_{j,x} (b_{ij} + \sum_m \sum_{p=0}^{P_i-1} w_{ij,(i-1)m}^p v_{(i-1)m}^{(x+p)}) \tag{6-79}$$

$$f_s(\boldsymbol{x}) = \bigcup_{\substack{m \\ x=1, Q_i+1}} v_{im}^x = \bigcup_{\substack{m \\ x=1, Q_i+1}} \varphi(\max(\bigcup_{q=0,1,\cdots,Q_i-1} v_{(i-1)m}^{(x+q)})) \tag{6-80}$$

其中:第 i 层的卷积核大小为 $1 \times P_i$;池化核大小为 $1 \times Q_i$;v_{ij}^x 为 LCNN 中第 i 层第 j 个特征面且位置是 x 的神经元的输出值;$w_{ij,(i-1)m}^p$ 为第 i 层第 j 个特征面到第 $i-1$ 层第 m 个特征面的核权值;b_{ij} 为第 i 层第 j 个特征面的偏置。gD 为全连接层计算函数,表达式如下:

$$gD(\boldsymbol{x}) = \varphi(\boldsymbol{W}\boldsymbol{x} + \boldsymbol{b}) \tag{6-81}$$

式中:ϕ 通常取 ReLU 函数,表达式如下:

$$\mathrm{ReLU}(x) = \begin{cases} x, & x > 0 \\ 0, & x \leqslant 0 \end{cases} \tag{6-82}$$

gE 为 Softmax 层计算函数,假设任务为 K 分类问题,则表达式如下:

$$gE(\boldsymbol{x}) = \frac{1}{\sum\limits_{j=1}^{K} \exp(\boldsymbol{W}_j \boldsymbol{x} + \boldsymbol{b}_j)} \cdot \begin{bmatrix} \exp(\boldsymbol{W}_1 \boldsymbol{x} + \boldsymbol{b}_1) \\ \vdots \\ \exp(\boldsymbol{W}_K \boldsymbol{x} + \boldsymbol{b}_K) \end{bmatrix} \tag{6-83}$$

式中:W_j 和 b_j 为权重和偏置。LCNN 采用和 CNN 相同的反向传播(back propagation,BP)训练算法。

6.4.2　分形网络(FractalNet)

深层卷积神经网络作为深度学习的一种典型算法,但众多研究表明,若 DCNN 层数较低,则模型难以表征负压波信号与漏失故障之间复杂的映射关系;随层数的加深,会出现故障识别率先上升然后迅速降低的问题,这是因为,当层数加深时,梯度在传播过程中会逐渐消失,导致无法对前面几层的权重进行调整,DCNN 训练难度不断加大,很难保证模型能训练到一个理想的结果。而分形网络(FractalNet)通过选择合适的子路径集合提升模型表现,较好地解决了 DCNN 模型反向传播时梯度消散的问题,降低了训练深层模型的难度,并可加快实际训练过程中模型的收敛速度。本节将 FractalNet 引入管道漏失识别领域,并针对因管道漏失样本不平衡造成 FractalNet 识别率低的问题,改进原始 FractalNet 的损失函数,对样本较多的漏失故障类别赋以较小权重,对样本较少的类型赋以较大的权值;并将 Fisher 惩罚项引入 FractalNet,利用 Fisher 惩罚项,使 FractalNet 学习到的隐层特征对负压波信号的结构变化具有可区分性;为缓解 ReLU 函数造成的"神经元死亡"现象,将 GELU 作为 FractalNet 的激活函数。

DCNN 作为深度学习的重要模型,主要由卷积层、池化层、全连接层和分类层等组成,一般架构如图 6-21 所示。

图 6-21 DCNN 结构

DCNN 随层数加深,梯度消失现象明显,进而造成识别率降低,且其最优结构难以确定。FractalNet 不依赖残差框架,通过选择合适的子路径集合提升模型表现,较好地解决了 DCNN 存在的问题,结构如图 6-22 所示。

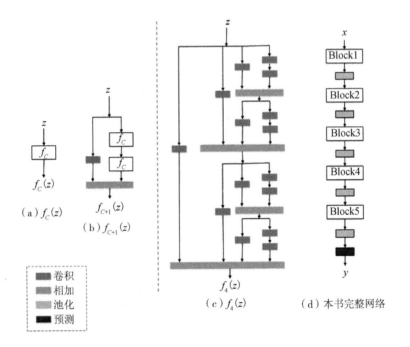

图 6-22 分形网络结构

图 6-22 中,红色卷积层 Convolution 为基础层;绿色 Join 层为相加操作。$f_C(z)$ 中 C 为列数,z 为输入,$C=1$ 表示一个基础层,$f_{C+1}(z)$ 如图 6-22(b)所示,在右边叠加两个 $f_C(z)$,左边连接一个基础层,以此类推。当 C 取 4 时,$f_4(z)$ 可作为一个 block 块;图 6-22(d)所示网络连接 5 个 block,block 之间以池化层连接,最后是预测层。令 block 个数为 B,每个 block 列数为 C,则 FractalNet 深度为 $B*2^{C-1}$。FractalNet 采取 drop-path 正则化,如图 6-23 所示,可有效防止网络过拟合。网络训练时,mini-batch 之间交叉使用局部采样和全局采样,图 6-23(a)和图 6-23(c)所示为局部采样方法,对 Join 层的输入进行 dropout 操作,要求至少保证要有一个输入,图 6-23(b)和图 6-23(d)所示为全局采样方法,对于整个网络来说,只选择一条路径,且限制为某个单独列。

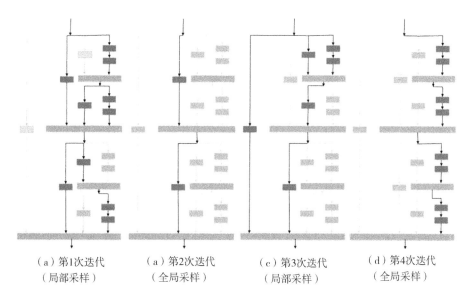

|（a）第1次迭代
（局部采样）|（a）第2次迭代
（全局采样）|（c）第3次迭代
（局部采样）|（d）第4次迭代
（全局采样）|

图 6-23　drop-path 正则化方法

6.4.3　深层支持向量机(deep support vector machine,DSVM)

支持向量机(support vector machine,SVM)是一种广泛使用的可替代 Softmax 的分类器,将 SVM 与 DCNN 相结合的算法也已经被用于管道漏失识别中,尤其是采用受训于有监督或者无监督的 DCNN 来学习隐层单元,对

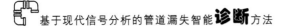

应于数据样本的隐层变量被视作线性 SVM 分类器的输入,同时为了实现深层学习,将训练的 SVM 堆叠起来形成的深层支持向量机(deep support vector machine,DSVM)模型也有必要引入管道漏失识别领域中。

SVM 主要通过获取最大间隔的超平面来实现较高的泛化能力,DSVM 主要在 SVM 的基础上实现逐层的训练学习,首先设置隐层单元,然后将浅层的学习结果作为深层的特征进行学习,依次向最高层学习,学习的过程即为特征提取的过程,特征提取模型见图 6-24,最后采用最高层的学习结果作为分类器最终的学习结果,由此训练出来的模型称为 DSVM 模型,如图 6-25 所示。图中有多个隐层,每一个隐层均从比其低的一个隐层获取特征,将较低隐层的学习结果采用求激活值的方式来求较高隐层的特征值,即从较低隐层学习出的支持向量中提取特征,将特征采用激活核函数进行映射,将映射出的高维数据作为较高隐层的输入特征,依次输入,依次提取处理,得到 DSVM 模型的学习结果。

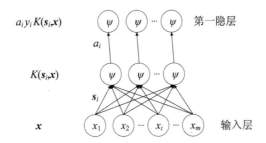

图 6-24 DSVM 特征提取模型

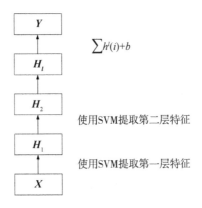

图 6-25 DSVM 模型构架

第一层的训练权重从输入特征集中获得。设有 N 个输入样本 $\boldsymbol{x}_i \in \mathbf{R}^m$，可得到 u 个支持向量 $\boldsymbol{s}_1, \cdots, \boldsymbol{s}_u$，进而得到 Lagrange 乘子系数 $\alpha_1, \cdots, \alpha_u$，以及对应的支持向量的标签 $y_1, \cdots, y_u$，则下一层的激活值为

$$h^1(i) = \alpha_i y_i K(\boldsymbol{s}_i, \boldsymbol{x}) \tag{6-84}$$

式中：$h^1(i)$ 是第一个隐层的第 i 个元素。$\boldsymbol{h}^1$ 的维数为 u。在最高层，最后的分类结果如下：

$$y(x) = \sum_{i=1}^{l} \alpha_i y_i K(\boldsymbol{s}_i, o(\boldsymbol{x})) + b_s \tag{6-85}$$

式中：$\boldsymbol{s}_i$ 是第 i 个支持向量；l 为最后一层支持向量的数量；$o(\boldsymbol{x})$ 表示数据经隐层变化后的特征；b_s 是分类偏差，只在最后一层使用；$K(\cdot)$ 为核函数。RBF 核在工程应用中较为广泛，但其为非正交基，不能任意逼近 $L^2(\mathbf{R}^n)$ 空间中的曲线。

RBF 核在工程应用中较为广泛，但其为非正交基，不能任意逼近 $L^2(\mathbf{R}^n)$ 空间中的曲线。而 Morlet 小波函数可以通过平移和伸缩建立 $L^2(\mathbf{R}^n)$ 空间中的正交基，且满足 SVM 核函数的容许条件，因此，使用 Morlet 小波核函数：

$$K(\boldsymbol{x}, \boldsymbol{x}') = \prod_{i=1}^{l} \cos\left(1.75 \frac{\boldsymbol{x}_i - \boldsymbol{x}_i'}{a}\right) * \exp\left(-\frac{\|\boldsymbol{x}_i - \boldsymbol{x}_i'\|^2}{2a^2}\right) \tag{6-86}$$

由此训练出来的模型称为 DSVM 模型，如图 6-25 所示。

6.4.4　小结

本节主要探讨了基于有监督深度学习的管道漏失识别方法，分别就导联卷积神经网络、分形网络和深层支持向量机管道漏失识别模型进行了理论分析，并构建了管道漏失诊断流程。

6.5　实验验证

在模拟液体管网漏失判别实验中，采用六段模拟漏失管道组成仿真实验管网，由水泵、阀门和金属管道等部件构成管道漏失实验装置，如图 6-26 所示，采集信号传感器采用负压波传感器及流量传感器。设置管道的工况为 5

类：正常、分输、调阀、传感器上游漏失与传感器下游漏失，如表 6-1 所示。

图 6-26　模拟漏失孔测试点

表 6-1　5 种管道工况

状态	代号	编码	样本数量
正常	a	10000	12 000
分输	b	01000	12 000
调阀	c	00001	12 000
传感器上游漏失	d	00001	12 000
传感器下游漏失	e	00001	12 000

6.5.1　负压波信号前处理

若直接将含噪负压波信号输入深度学习模型进行自动特征提取和漏失识别，则噪声的存在不仅会降低识别准确率而且还会导致深层网络的收敛速度变慢，因此，有必要先对负压波信号进行降噪处理。各方法的主要参数如下：

1. 压缩感知（CS）

设置字典原子个数为 1 024，初始字典从训练样本中获得，稀疏分解原子取 20 个，迭代次数根据经验一般设置为 20～30 次，本书取 30 次。经反复试验,压缩率 $r = 50\%$ 为最优,随机高斯矩阵 $\boldsymbol{\Phi} \in \mathbf{R}^{512 \times 1024}$。以传感器上游漏失负压波信号为例,图 6-27 所示为相应的降噪结果。

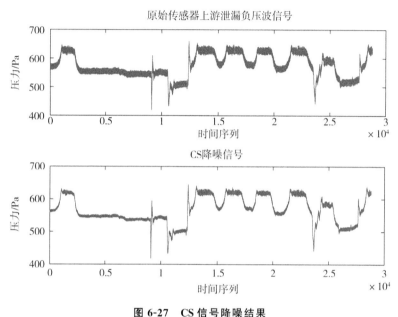

图 6-27　CS 信号降噪结果

可以看出,基于 CS 的降噪方法可在一定程度上提高信号的信噪比。

2.形态经验小波变换(MEWT)

向传感器上游漏失负压波信号中加入符号相反、均值为 0、标准差为 1 的高斯白噪声;相对振幅比 a 取 0.2,修正系数 a_h 和 a_w 设置为 1。并采用 MEWT 对其进行分解,结果如图 6-28 所示,再取与原信号相关性较强的前 4 层进行重构,结果如图 6-29 所示。经计算,原信号的信噪比为 10.2 dB,降噪后信号的信噪比为 29.37 dB,可以看出,基于 MEWT 的降噪方法可在一定程度上提高信号的信噪比。

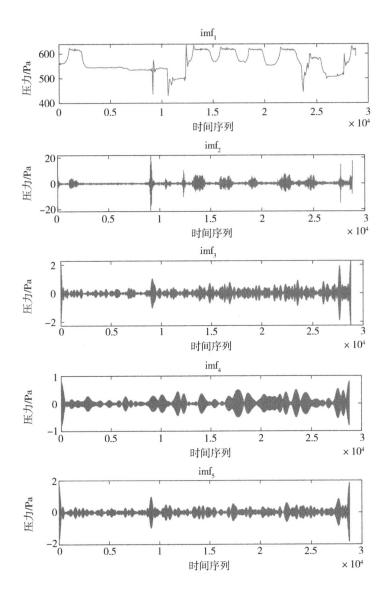

图 6-28　MEWT 分解结果

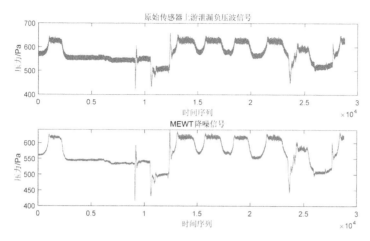

图 6-29　MEWT 降噪结果

3.辛几何模态分解(SGMD)

对传感器上游漏失负压波信号进行 SGMD 分解,结果如图 6-30 所示,再采用加权综合评价指标取与原信号相关性较强的前 1 层进行重构,结果如图 6-31 所示。经计算,原信号的信噪比为 10.2 dB,降噪后信号的信噪比为 32.28 dB,可以看出,基于 SGMD 的降噪方法可在一定程度上提高信号的信噪比。

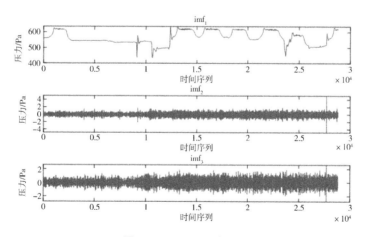

图 6-30　SGMD 分解结果

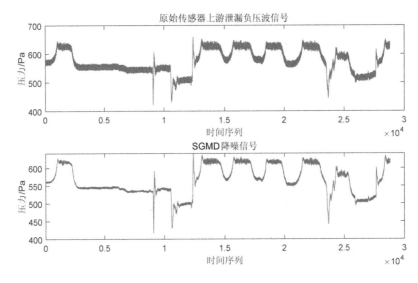

图 6-31　SGMD 降噪结果

6.5.2　模式识别与分析

为验证深度学习模型的有效性,使用 6.3 节、6.4 节所介绍的方法进行对比分析,为减小随机因素影响,共进行 10 次测试,取平均结果。各方法的主要参数如下,其中超参数由粒子群算法或 AutoKeras 软件确定,除方法 8 外,各方法的输入均为辛几何模态分解重构信号。

方法 1(深层小波自动编码器,DWAE):DWAE 结构为 1024-512-256-128-64-32-5。超参数输出如下:高斯核函数尺寸 σ 为 3.26,惩罚参数 λ_1 为 0.04,权重衰减项系数 λ_2 为 0.002,主线梯度矩阵耦合比例 p 为 0.2,辅线梯度矩阵耦合比例 q 为 0.8。每个小波自动编码器的初始学习率为 0.1,迭代次数为 220,微调次数为 500。Dropout 神经元丢弃概率 P 为 0.1,降噪自编码置零概率为 0.1,批处理 mini-batch 为 20。

方法 2(深层脊波自动编码器,DRAE):DRAE 结构为 1024-512-256-128-64-32-5,以 Morlet 小波作为激活函数,每个脊波自动编码器的初始学习率为 0.1,迭代次数为 220,整体微调次数为 500,批处理 mini-batch 为 20。

方法 3(深层小波卷积自编码器,DWCAE):DWCAE 结构为 1024-512-

256-128-64-32-5,取高斯小波作为激活函数,卷积步长为 5,无填充,滑动步长为 5,每个小波卷积自动编码器的初始学习率为 0.1,迭代次数为 220,整体微调次数为 500,批处理 mini-batch 为 20。

方法 4(深层 Wasserstein 自动编码器,DWAAE):DWAAE 结构为 1024-512-256-128-64-32-5,每个 Wasserstein 自动编码器的初始学习率为 0.1,迭代次数为 220,整体微调次数为 500,批处理 mini-batch 为 20。

方法 5(深层收缩区分自动编码器,DCDAE):DCDAE 结构为 1024-512-256-128-64-32-5,一阶收缩惩罚项系数、二阶收缩惩罚项系数和可分辨惩罚项系数 β,η,λ 分别取 0.1,0.1 和 0.2,每个收缩区分自动编码器的初始学习率为 0.1,迭代次数为 220,整体微调次数为 500,批处理 mini-batch 为 20。

方法 6(导联卷积神经网络,LCNN):LCNN 中卷积层 A 为 8 个特征面,卷积核大小 1 * 18,池化核大小为 1 * 3;卷积层 B 为 14 个特征面,卷积核大小为 1 * 12,池化核大小为 1 * 3;卷积层 C 为 20 个特征面,卷积核大小为 1 * 4,无池化层,全连接层神经元个数为 30,Softmax 层神经元数为 5,代表 5 种工况类别。网络使用小批量随机梯度下降法来训练网络,其具体思路是在更新每一参数时都使用一部分样本来进行更新,从而使得梯度下降更加稳定,同时小批量的计算,也减少了计算资源的占用,设置小批量训练尺寸为 30。代价函数选择交叉熵函数,最大训练迭代次数 8 000 次。每个卷积运算之后、激活函数之前,使用批归一化方法,该方法使得卷积提取后特征均值为 0,方差为 1,可以获得较大的学习速率,而且可以省去 Dropout 层,且会避免过拟合。网络训练时学习率为 0.05,动量值为 0.05。

方法 7(分形网络,FractalNet):FractalNet 卷积核宽度为 3,高度为 1;输入特征图数量为 32;池化层宽度为 2;卷积核移动步长为 1;为避免尺寸的变化,在输入矩阵的边界上加入全 0 填充,卷积层与池化层之间都存在批归一化层与激活层。

方法 8(深层小波支持向量机,DWSVM):DWSVM 模型隐层数目为 3,Morlet 小波核函数,输入为小波包分解信号所得到的样本熵、排列熵和能量矩特征向量。表 6-2 列出了测试阶段的平均漏失识别准确率和标准差,图 6-32 列出了在每次实验中不同方法的详细漏失识别结果。

表6-2 不同方法的平均漏失识别结果

方法	测试集平均识别正确率(×100%)±标准差
DWAE	99.97 ± 0.17
DRAE	98.14 ± 0.63
DWCAE	98.03 ± 0.59
DWAAE	98.01 ± 0.42
DCDAE	98.08 ± 0.33
LCNN	98.65 ± 0.45
FractalNet	98.35 ± 0.98
DWSVM	97.78 ±1.29

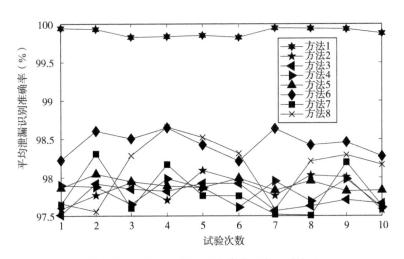

图 6-32　方法 1～方法 8 的管道漏失识别结果

从表 6-2 和图 6-32 可知,作者提出的 DWAE 的漏失识别率最高。DWAE 的 10 次测试结果具有更高的故障识别正确率和稳定性,平均识别正确率达到 99.97%,标准差仅 0.17。DWAE 模型不仅利用了小波函数的优良特性,而且改进了小波自动编码器的损失函数,加入收缩项限制以增强特征提取的鲁棒性,改进参数更新策略以加速网络收敛,并在网络微调阶段加入"跨层"连接有效缓解了梯度消失现象,漏失识别准确率及稳定性均优于其他方法,验证了 DWAE 模型的优越性。图 6-33 给出了 DWAE 模型的第 1 次识别结果的多分类混淆矩阵,可知工况状态 c 的分类正确率较低。

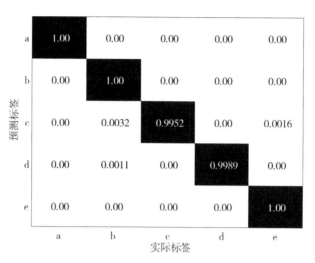

图 6-33　DWAE 模型第 1 次识别结果多分类混淆矩阵

DWAE 深层模型虽然省去了大量人工特征提取的时间,但依然需要一定人力和时间来选择合适的网络结构,深层模型中诸如隐层层数、隐层神经节点个数、收缩惩罚项系数、权重衰减系数等参数均会影响滚动管道漏失识别准确率。

实际应用中,正常样本所占比例通常较高,为研究深度学习模型在面对不平衡样本时的有效性,共设计 4 种数据集,比较 5 种不同方法(DWAE、DRAE、DWCAE、DWAAE 和 DCDAE)的性能。设置正常与各故障工况的训练样本比例分别为 8000∶8000、8000∶6400、8000∶4800 和 8000∶4000,实验共进行 10 次,5 种方法的故障识别准确率如图 6-34 所示。

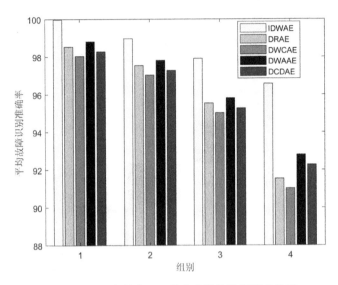

图 6-34　不平衡样本下 5 种方法的故障识别准确率

由图 6-34 可知,5 种方法的平均漏失识别准确率随不平衡比例的增大整体呈现下降趋势,但 DWAE 方法相较于另外 4 种方法表现更加优异,具有更高的泛化性能。此外,本书还定量计算了几种方法基于不平衡数据集的精确率(P)、召回率(R)和 F_1 值,见式(6-87)。

$$\left.\begin{aligned} F_1 &= \frac{2PR}{P+R} \\ P &= \frac{T_P}{T_P + F_P} \times 100\% \\ R &= \frac{T_P}{T_P + F_N} \times 100\% \end{aligned}\right\} \tag{6-87}$$

式中:T_P 为正样本中被模型判断为正的个数,F_P 为在负样本中被模型判断为正的个数,F_N 为正样本中被模型判断为负的个数,F_1 值在[0,1]之间,反映查准率和召回率的信息,0 代表最差,1 代表最好。以组 4 为例,表 6-3 列出了组 4 中 3 种方法的精确率和召回率,表 6-4 列出了相应的 F_1 值。

表 6-3　组 4 不同方法的精确率和召回率

工况	DWAE		DRAE		DWCAE	
	P	R	P	R	P	R
a	95.19	93.43	90.91	97.12	84.51	77.82
b	95.37	92.24	91.09	80.35	85.34	80.79
c	96.12	95.37	90.97	98.68	84.99	78.58
d	96.01	94.15	90.91	80.89	83.51	80.89
e	95.97	94.09	88.13	86.17	88.98	99.12
f	94.19	93.49	91.13	80.67	82.43	70.87
g	94.63	91.26	89.13	96.24	82.43	76.24

表 6-4　组 4 不同方法的 F_1 值

工况	DWAE F_1	DRAE F_1	DWCAE F_1
a	95.19	90.91	84.51
b	95.37	91.09	85.34
c	96.12	90.97	84.99
d	96.01	90.91	83.51
e	95.97	88.13	88.98
f	94.19	91.13	82.43
g	94.63	89.13	82.43

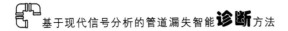

由表 6-3 和表 6-4 可知,组 4 中 DWAE 方法的 P,R 指标值均较高,类似的结果在其他组中也有较为明显的体现,这些对比结果进一步验证了 DWAE 方法在面对不平衡数据集时的优越性和有效性。

为解决由于目标样本数量少而导致的网络性能下降问题,本书尝试将大量辅助样本用于 DWAE 网络无监督预训练,将少量目标样本用于网络有监督微调,以此提高网络性能。建立管道数字孪生辅助数据集,将辅助数据集中 5 种工况下的样本作为辅助训练样本,设置辅助样本的数量为对应目标样本数量的 5 倍,每种工况下的目标测试样本为 400,同时,将未使用辅助样本的模型(即仅用少量目标样本训练所得的模型)作为对比。图 6-35 所示为两种方法识别准确率随目标样本数目的变化结果,随目标样本数目的增加,两种方法的识别性能总体呈上升趋势,在目标训练样本较少的情况下,基于辅助样本的方法对目标测试样本的识别效果要优于未使用辅助样本的方法。

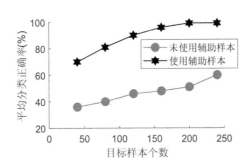

图 6-35　两种方法的对比结果

激活函数对 DWAE 的漏失识别准确率有一定影响,本节讨论几种不同激活函数对 DWAE 漏失识别准确率的影响,几种激活函数的方程及相应的平均识别准确率如表 6-5 所示,可知,Gaussian 小波、Morlet 小波和 Mexican hat 小波的漏失识别效果好于其他激活函数,Gaussian 小波在时域、频域均有良好的分辨率,取得了最好的识别结果。

表 6-5　不同激活函数对 DWAE 识别准确率的影响

激活函数	方程	漏失识别准确率（$\times 100\%$）
ReLU	$f(x) = \begin{cases} 0, & x < 0 \\ x, & x \geqslant 0 \end{cases}$	95.14
LReLU	$f(x) = \begin{cases} 0.01x, & x < 0 \\ x & x \geqslant 0 \end{cases}$	95.82
ELU	$f(x) = \begin{cases} 0.01(\mathrm{e}^x - 1), & x < 0 \\ x, & x \geqslant 0 \end{cases}$	94.64
Sigmoid	$f(x) = \dfrac{1}{1 + \mathrm{e}^{-x}}$	90.47
Gaussian wavelet	$f\left(\dfrac{t-c}{a}\right) = \dfrac{t-c}{\sqrt{2\pi}\,a} \exp\left[-\dfrac{(t-c)^2}{2a^2}\right]$	99.08
GELU	$f(x) = 0.5x\{1 + \tanh[\sqrt{2/\pi}\,(x + 0.044\,715 x^3)]\}$	95.42
Swish	$f(x) = \dfrac{x}{1 + \mathrm{e}^{-x}}$	95.17
Morlet wavelet	$f\left(\dfrac{t-c}{a}\right) = \cos\left(5\,\dfrac{t-c}{a}\right) \exp\left[-\dfrac{(t-c)^2}{2a^2}\right]$	98.12
Mexican hat wavelet	$f\left(\dfrac{t-c}{a}\right) = \left[1 - \left(\dfrac{t-c}{a}\right)^2\right] \exp\left[-\dfrac{(t-c)^2}{2a^2}\right]$	98.09

表 6-6 列出了测试阶段不同前处理方法对 DWAE 漏失识别准确率的影响,图 6-36 列出了在每次实验中不同前处理方法的详细识别结果。

表 6-6　不同的前处理方法对 DWAE 漏失识别准确率的影响

前处理方法	测试集平均识别准确率(×100％)±标准差
CS	98.19 ± 0.26
MEWT	99.13 ± 0.19
SGMD	99.19 ± 0.17
EMD	95.09 ± 1.87
EEMD	96.31 ± 1.16
CEEMD	96.81 ± 1.09
无前处理	91.81 ± 4.34

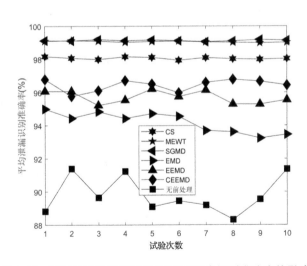

图 6-36　不同的前处理方法对 DWAE 漏失识别准确率的影响

6.5.3　小结

本节对基于深度学习的管道漏失负压波信号的预处理方法进行了实例分析,对负压波信号进行降噪和特征提取工作,从降噪效果来看,信噪比得到了显著提高;同时采用深度学习方法对管道漏失识别进行了验证,实验测试表明,相对于传统方法,基于深度学习的方法能够有效地提高管道漏失辨识正确率。

第7章 输气管道漏失诊断方法

输气管道作为管道重要的组成部分之一,在生产生活中扮演着相当重要的角色。输气管道在实际输送过程中,受气体的可压缩性、管道结构特征、周围环境的影响,因各种工况调节引起的压力脉动以及输气管道漏失产生的负压波信号不同于液体石油产生的特征信号。相较于液体管道运输,输气管道的漏失诊断难度往往更高。

近年来,输气管道安全诊断与检测技术也正朝着多学科、多领域的综合方向发展。为了更好地解决输气管道的漏失诊断,除了改进传统的信号采集方法,光纤分布、红外遥感等新方法新技术也被应用在了输气管道的漏失诊断中。针对输气管道,本章基于传统的信号采集方法,介绍了基于音波法的城市燃气管道安全检测技术,并将第二代小波变换应用于管道音波信号的分析,提出了基于瞬时能量分布特征的城市燃气管道漏失诊断方法。同时改进了新型的管道漏失诊断方法,将微波技术和导波理论以及分布式光纤光栅等新技术新方法应用于部分输气管道的漏失检测,为输气管道的漏失诊断提供了一些新的方向以供参考。

7.1 基于音波法的城市燃气管道
漏失检测技术

城市燃气管道作为一种典型的输气管道,是现代城市基础建设中不可或缺的一部分。音波管道漏失检测法是近几年新发展出的管道漏失检测技术。它利用漏失点产生的次声波沿管道两壁向上下游传播的时间与传播速度,开发了配套的软硬件,较好地解决了目前管道漏失检测领域存在的一些难点,具有反应灵敏、可靠性强、定位精度高等特点,并在城市燃气管道安全检测中得到了成功的应用。

7.1.1　城市燃气管道漏失检测方法

随着科学的发展,燃气管道安全检测技术也正朝着多学科、多领域的综合方向发展,尤其是近年来传感器技术、通信技术、信号处理技术、模式识别技术和模糊逻辑、神经网络、专家系统、粗糙集理论等人工智能技术的发展,给燃气管道漏失检测技术带来了新的发展研究方向,目前燃气管道漏失检测技术可以通过建立数学模型或信号分析对采集来的流量、压力、温度、黏度等管道信号和流体信息进行综合处理,进而提取出具有特征参数的信号用来对漏失点进行检测和定位。燃气管道漏失检测技术的主要发展趋势有以下几点:

(1)以软件为基础的现代管道漏失检测法不仅灵敏度高、实时性强,还可以自动地对管道漏失进行实时检测,进而减少了管道巡察员劳动强度,提高了工作效率。但是对于漏失定位精度不高和误报警率大,一直是都是基于软件管道漏失检测法具有的最大缺陷。而对于以硬件为基础的检测方法其误报警率低,但定位精度高。因此基于软件和硬件的漏失检测方法相互结合各自的优缺点,就可以实现其互补。

(2)随着分布式光纤传感器在工业上的快速发展,将光纤传感器应用于城市燃气管网中,可以实时检测管网介质运行参数,为漏失检测识别提供基础数据。光纤传感器具有优越的抗干扰性和解决信号衰减的性能,在管道漏失检测上具有良好的发展前景。

(3)SCADA 系统实时采集的管道监测点运行数据可以作为整个管网漏失检测系统的基础数据,因此 SCADA 系统应用在漏失检测系统中也已成为一个主要发展趋势。

(4)目前的城市燃气管道漏失检测法是多学科多技术多知识的集成,尤其是以人工智能技术发展最为迅速,促进了燃气管道漏失检测技术的发展。通过对压力、流量、黏度、温度、密度等介质信号进行数据建模,应用信号处理、模式分类,或通过模糊集理论对采集信号进行模糊划分,提取故障特征进行检测识别与定位。

(5)音波管道漏失检测法是近几年新发展的管道漏失检测技术。它利用漏失点产生的次声波沿管道两壁向上下游传播的时间与传播速度,开发了配套的软硬件,较好地解决了目前管道漏失检测领域存在的一些难点,具有反应灵敏、可靠性强、定位精度高等特点。本章将对其方法进行具体研究。

7.1.2　音波漏失检测技术

1.音波漏失定位原理

天然气管道发生开裂时,管道内外的巨大压差使天然气快速喷出而形成漏失,并造成系统流体弹性力量的释放,引起瞬间音波振荡,产生音波信号。该信号属于连续声发射信号,并以管内介质为载体向上下游传播,最终被安装在上下游的音波传感器检测到,然后通过一系列数字信号处理装置进行数据分析。根据上下游传感器接收到音波信号的时间差以及音波在管内介质中的传播速度就可以计算出漏失位置,其原理如图 7-1 所示。

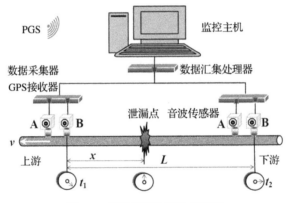

图 7-1　音波法漏失定位原理图

图 7-1 中,A,B 为音波传感器,在首末段各安装两个,以防其中一个损坏的情况下影响正常数据采集。L 为上下游站点间距离,km;x 为漏失点到上游站点的距离,km;t_1 和 t_2 为上下游传感器各自检测到音波信号的时刻,则 $t_1 - t_2$ 为两者之间的时间差,记为 Δt,s;v 为音波在天然气中的传播速度,m/s。

从物理学知识可知,音波从漏失点位置传播到上、下游传感器所需时间分别为

$$\left.\begin{array}{l} t_u = \dfrac{x}{v} \\[2mm] t_d = \dfrac{L - x}{v} \end{array}\right\} \tag{7-1}$$

则

$$\Delta t = t_1 - t_2 = t_{\mathrm{u}} - t_{\mathrm{d}} = \frac{2x - L}{v} \tag{7-2}$$

所以，

$$x = \frac{L + \Delta t \times v}{2} = \frac{L + (t_1 - t_2) \times v}{2} \tag{7-3}$$

从上述原理和式(7-3)可以看出，基于管内音波的漏失检测与定位原理与负压波法类似，都是利用传输到上下游传感器的时间差 Δt 以及音波波速 v 计算漏失点位置。它们的区别在于液体管道是基于压力的负压波特征信息，而音波信号是基于管内气体的声压信号，二者在本质上是有区别的。

2.音波漏失检测法流程

与负压波检测方式相似，音波漏失检测技术流程如图 7-2 所示。

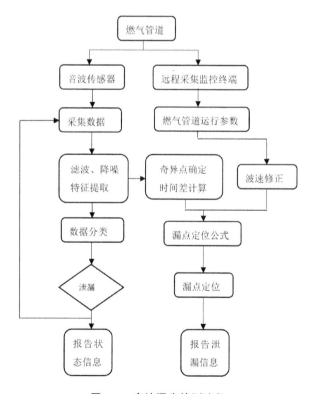

图 7-2　音波漏失检测流程

由图 7-2 可见,音波漏失检测定位的关键在于漏失状态判断准确性及漏点定位准确性。特征提取与数据处理以及参数修正是音波漏失定位检测系统的重要环节。

3.音波传播到上下游传感器的时间差要求

一般采用 GPS(全球定位系统)时间同步或相关分析法计算时间差。燃气管道漏失点定位需要将上下游音波传感器接收到的音波信号时间确定,时间差的精确度以检测点起始时间同步为前提。GPS 可将全球任意位置的时间进行同步并为检测系统采集点统一授时,保证各检测点起始时间保持高度一致。因此,音波漏失检测系统计算时间差大多采用 GPS 时间同步技术。

燃气输送管道各数据采集检测点以及信息监控中心均安装 GPS 时间同步装置,时间误差保证在 500 ns 范围内。各检测点数据采集器为独立的时间同步,不会因通信中断或卫星信号故障而对漏失事件的检测造成影响。漏失发生后,音波信号到达不同音波传感器的时间差均会显示在两个不同数据采集器的时间显示器上。

7.1.3 音波检测系统核心

音波漏失检测技术的核心是噪声甄别和过滤以及音波提取。

1.噪声甄别和过滤

燃气管道敷设在地下,管道长距离传输途中的外部环境很复杂,对于传感器采集信号往往掺杂着干扰噪声,这些噪声往往会导致漏失检测定位系统误判或漏判。为了将音波信号中频率位于音波范围之外的信号过滤,检测系统需利用滤波器。

滤波器对于频率特性具有选择性,只能将频率范围外的信号滤除,当噪声信号频率位于频率范围区间内时,滤波器往往在过滤掉噪声的同时也过滤掉一些有效的音波信号。因此,只有采取特殊方法才能达到理想的滤波效果,小波分析方法在噪声处理方面具有很好的效果。

2.音波信号提取

音波信号的特征信号提取方法主要包括时域特征量提取与频域特征量提取。

时域特征量提取方法主要对音波波形的幅值变化进行分析,该幅值变化能够直观反映两个时刻压力差变化情况。燃气管道漏失时,漏失处的压力瞬间下降,与上一时刻的压力形成巨大压力差,此时波形图将会呈现音波幅值骤降,该幅值可作为燃气管道漏失检测的特征量。对音波信号进行时域分析可得到音波信号均值、均方根值、斜率均值、均值差分、峰值差分值等特征量,均可作为管道漏失判定检测的依据。

频域特征量提取方法利用功率谱密度随频率的变化分析该频段内能量变化,从而得到判定频域内管道漏失情况的特征量。能够判定管道漏失的频域有限制,低频段内功率谱密度小,能量变化可以忽略不计;高频段只能在短距离传输,不能应用于燃气长输管道系统。频域特征量法需将这两个频段除去才能有效地进行漏失判定。通过频域分析也可得到各种特征量,这些特征量均以能量为基础。

7.1.4　小结

本节介绍了燃气管道音波漏失检测原理以及定位技术,阐述了音波法检测关键技术,介绍了音波检测系统的音波传感器、噪声甄别和过滤、音波信号提取内容,设计了基于音波法的漏失定位检测流程。

7.2　第二代小波在管道音波信号分析中的应用

燃气管道原始音波信号中通常含有大量的噪声信号,需要进行降噪处理。小波降噪方法能够采用小波分解技术计算出不同频率带宽内被检测音频信号的时域分量,经过选取合适的阈值将音波信号中的噪声过滤从而得出有效的音波信号。因此,该技术广泛应用于音波信号处理过程,能够实现预期效果。但是,该技术运算过程耗时长,往往不能满足检测系统实时诊断降噪的要求。第二代小波变换在经典小波技术基础上得到提升,不再采用傅里叶变换,所有运算都在时域中进行,它的基函数通过设计预测算子和更新算子取代某函数的平移和伸缩的方法而获得。这样,第二代小波变换在音波信号处理过程中,降噪效果更为明显。基于这一点,本节将第二代小波变换应用于城市燃气管道信号的降噪中,并取得了良好的效果。

7.2.1 第二代小波变换原理

Sweldens 首次提出第二代小波变换采取提升方法进行构造。该方法以插值细分原理为基础,不再受有限的小波的约束,广泛应用于音波降噪、提取音波信号特征等工作。该原理核心过程是分解以及重构。分解部分包括:剖分、预测和更新;重构部分包括:数据恢复更新、预测以及合并三个过程。它较容易实现,运算过程快,效果好。

1.第二代小波变换的分解和重构过程

如图 7-3(a)所示,对于离散信号 $\{F(k),k=1,\cdots,N\}$,令 $S=\{F(k),k=1,\cdots,N\}$,分解过程需三步完成,其中 P 为预测器,U 为更新器。

(1)剖分:利用 Lazy 小波将用来进行分析的信号剖分成两部分,即偶样本 S_e 和奇样本 S_o:

$$S_e=\{S_{j,2k},k=1,\cdots,N\,2^j\} \tag{7-4}$$

$$S_o=\{S_{j,2k+1},k=1,\cdots,N\,2^j\},j=-1,-2,\cdots,J \tag{7-5}$$

(2)预测:通过样本 S_e 估计样本 S_o,从而导出细节信号 d_{j-1}:

$$d_{j-1}=S_o-P\,S_e \tag{7-6}$$

式中 $\boldsymbol{P}$ 为预测系数向量。

(3)更新:用奇样本将偶样本进行更新,进而产生逼近信号 S_{j-1},通过选取适当的更新系数向量 $\boldsymbol{U}$,使 S_{j-1} 保持信号某些原始特性:

$$S_{j-1}=S_e+\boldsymbol{U}\,d_{j-1} \tag{7-7}$$

第二代小波变换在时域上进行,将 $j-1$ 尺度的逼近信号 S_j 分解为 S_{j-1}(低频部分)和 d_{j-1}(高频部分)。重构过程如下:

恢复更新:

$$S_e=S_{j-1}-\boldsymbol{U}\,d_{j-1},j=-1,-2,\cdots,J \tag{7-8}$$

恢复预测:

$$S_o=d_{j-1}+P\,S_e \tag{7-9}$$

数据合并:

$$\{S_{j,2k}, k = 1, \cdots, N\ 2^j\} = S_e \tag{7-10}$$

$$\{S_{j,2k+1}, k = 1, \cdots, N\ 2^j\} = S_o \tag{7-11}$$

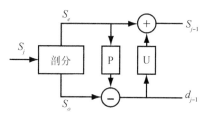

（a）剖分过程

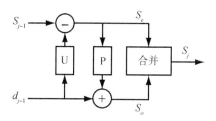

（b）合并过程

图 7-3　第二代小波剖分以及合并

对预测器及更新器长度进行假设,分别为 $N = 2$ 和 $\tilde{N} = 4$,在插值细分原理的基础上,第二代小波构造过程如图 7-4 和图 7-5 所示。

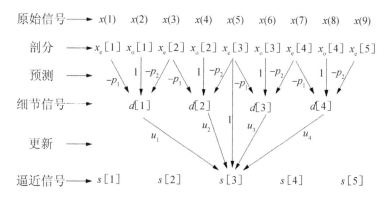

图 7-4　分解过程

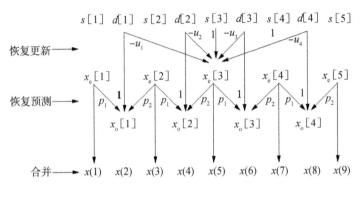

$s[1]\ d[1]\ s[2]\ d[2]\ s[3]\ d[3]\ s[4]\ d[4]\ s[5]$

恢复更新 ——→

恢复预测 ——→

合并 ——→　$x(1)\ x(2)\ x(3)\ x(4)\ x(5)\ x(6)\ x(7)\ x(8)\ x(9)$

图 7-5　重构过程

2.基于插值细分原理的预测器和更新器设计分析

设计预测器和更新器的好坏决定了第二代小波变换技术的处理效果,是分析工作的首要问题,它们的处理过程是运算过程的核心。本节中结合插值细分的基本思想,在预测器和更新器设计过程中将其合理运用,此设计方法更为简单有效。

插值细分基本过程为:在两个相邻原始采样序列之间放置一新的数据,在原样本值不变的前提下,形成新样本序列,此插入过程重复进行,即插值过程;细分过程与插值过程一样,即将原样本进行预测,形成新的样本序列。故插值与细分经常为同一运算过程,即插值细分。算法原理如图 7-6 所示。

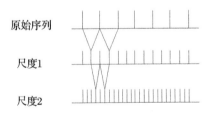

原始序列

尺度1

尺度2

图 7-6　插值细分原理

1)预测器系数算法分析

取 N 个连续正整数,假设它们为 $1,2,\cdots,N$,N 的数值即为预测器长度。这里我们规定 N 只能取正偶数,此时预测器系数可由式(7-12)确定:

$$P_k = \prod_{\substack{i=1 \\ j \neq k}}^{N} \frac{(N+1)/2-i}{k-i} \quad k = 1,2,\cdots,N \tag{7-12}$$

假设 $N=4$，求得 $\{P_1,P_2,P_3,P_4\} = \{-0.062\ 5, 0.562\ 5, 0.562\ 5, -0.062\ 5\}$。

2）更新器系数算法分析

更新器系数的计算原则为：同一长度下，预测器的系数是更新器系数的两倍。假设两者的长度，令预测器的长度为 $N=4$，更新器为 $\tilde{N}=4$，得：

$$\begin{aligned}
\{u_1,u_2,u_3,u_4\} &= \left\{\frac{1}{2}P_1, \frac{1}{2}P_2, \frac{1}{2}P_4\right\} \\
&= \{-0.031\ 3, 0.281\ 3, 0.281\ 3, -0.031\ 3\}
\end{aligned} \tag{7-13}$$

当两者长度 $\tilde{N}$ 与 N 不同时，更新器的系数可根据预测器系数计算得出。如 $\tilde{N}=8$ 时的更新器系数即为计算出的预测器 $N=8$ 的系数的二分之一。实践表明，为了控制运算量以及运算效果，两者长度需控制在（4,20）范围内。

7.2.2　基于第二代小波的音波信号预处理

以 Labview 平台开发的燃气管道漏失诊断系统，采用 NI 公司的 9234 数据采集系统和 PCB 公司生产的高频音波传感器对某段燃气管道首末端音波信号进行双通道同步采集，采集频率设置为 35 MHz。信号采集后的重要工作是对原始信号进行在线处理和分析，为后续漏失诊断奠定良好的基础。

1.音波信号预处理流程

第二代小波采用插值细分原理，均在时域中进行运算，计算过程高效，在信号降噪、提取信号特征等方面得到广泛应用。图 7-7 所示为第二代小波变换方法对燃气管道音波信号预处理和特征提取过程中的检测流程，通过对原始采样信号的剖分和合并过程，可实现弱特征信号的提取，进而为准确分辨漏失工况等干扰奠定基础。

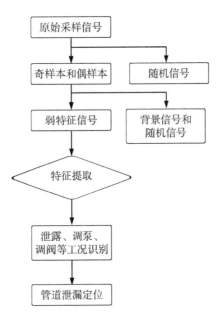

图 7-7 音波信号预处理和信号特征提取流程

2.音波信号降噪效果

图 7-8 所示是用音波传感器采集到燃气管道原始音波信号,原始信号中通常含有大量的噪声信号和外部环境干扰信号,选取一组特征不明显的信号采用第二代小波变换方法进行预处理,图 7-9 与图 7-10 所示为预处理分析结果。

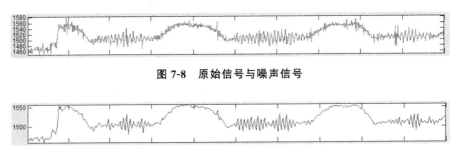

图 7-8 原始信号与噪声信号

图 7-9 传统小波降噪后

图 7-10　采用第二代小波变换方法进行预处理降噪效果

分析图 7-9、图 7-10 可知,采用了第二代小波降噪方法比用一般音波信号降噪方法信噪比更高,且特征波形更为突出,如在第 940 采集点处波动信号细节表现更为明显,即在降噪后进行重构的音波信号更理想,对局部的信号特征信息描述更加全面。因此,第二代小波降噪在燃气管道漏失检测过程中音波信号降噪处理效果更为理想。

7.2.3　小结

基于第二代小波变换对音波发射信号进行处理,能够保留原始的低频信号,不仅实现了原信号的准确表示,而且有效去除了噪声对信号的影响,适用于管道音波信号降噪预处理过程。因此,将低频信号进行重构后作为检测系统的原始信号能够很好地概括出音波信号的发展动态,分析此重构音波信号能够很好地对管道漏失进行检测及定位。

7.3　基于瞬时能量分布特征的城市燃气管道漏失诊断方法

对于城市燃气管道系统而言,不同工况调节(包括漏失)状态和系统瞬时能量的演变规律存在直接的对应关系。因此,研究管道系统振动信号的瞬时能量分布不仅能够进行故障识别,而且能够表明故障状态随时间的演变过程,有利于提高故障诊断的准确性。本节将瞬时能量特征用于燃气管道的漏失特征识别,采用了 HHT 方法提取输气管道在不同工况操作下信号的瞬时能量分布特征,并对瞬时能量作为信号特征的典型性问题进行了大量实验研究,给出了基于信号瞬时能量分布特征识别的管道漏失诊断新方法

7.3.1 基于 HHT 的信号瞬时能量分布的计算方法

Hilbert-Huang 变换是由美国宇航局的 Huang N.E 等人于 1998 年提出的一种全新的信号处理方法。它的核心思想是依据数据本身的时间尺度特征将信号分解为有限个固有模态函数(intrinsic mode function,IMF),然后对各模态分量进行 Hilbert 变换构造解析信号,得到信号的瞬时频率和振幅,获取信号的局部特性。

HHT 包括 Hilbert 变换和经验模式分解(empirical mode decomposition,EMD)。经验模态分解的目的就是将复杂信号分解成一组具有较优 Hilbert 变换性能的固有模态函数,即保证信号经 Hilbert 变换后具有清晰的瞬时振幅和瞬时频率意义。给定信号 $x(t)$,应用 EMD 可自适应分解为一系列固有模态函数(intrinsic mode function,IMF)及余项:

$$x(t) = \sum_{j=1}^{N} c_j(t) + r(t) \tag{7-14}$$

式中:$r(t)$ 为余项,是信号 $x(t)$ 的单调趋势项。对式(7-14)中 IMF 分量 $c_j(t)$ 作 Hilbert 变换得到:

$$\tilde{c}_j(t) = H[c_j(t)] = \frac{1}{\pi} \int_{-\infty}^{+\infty} \frac{c_j(\tau)}{t - \tau} d\tau \tag{7-15}$$

因此,$c_j(t)$ 相应的解析信号和包络函数为

$$C_j(t) = c_j(t) + i\tilde{c}_j(t) = A_j(t) e^{i\varphi_j(t)} \tag{7-16}$$

式(7-16)中 $A_j(t) = |C_j(t)| = \sqrt{c_j^2(t) + \tilde{c}_j^2(t)}$ 为瞬时幅值,$\varphi_j(t)$ 为瞬时相位。

相应瞬时能量分布:

$$E_j(t) = \frac{1}{2} A_j^2(t) \tag{7-17}$$

根据 EMD 具有的滤波功能,舍弃明显的高频噪声分量 $c_1(t), c_2(t), \cdots, c_n(t)$,计算其余 IMF 分量的瞬时能量相对贡献大小,排除贡献较小的趋势项,得到信号 $x(t)$ 主要频带的瞬时能量分布:

$$E(t) = \sum E_j(t) \tag{7-18}$$

$E(t)$ 表示系统在任意时刻 t 的主要频带瞬时能量值,描述了系统在不

同时刻的能量转移和波动历程,实时地反映出系统内部结构状态变化情况。

7.3.2　基于瞬时能量分布与相关分析的漏失识别方法

1.基于瞬时能量分布的漏失特征提取方法

燃气管道漏失检测识别系统故障诊断方法的技术路线如图 7-11 所示。图 7-11 中左实线框的瞬时能量分布特征提取技术是本节的研究内容,右上虚线框中燃气管道不同工况下信号的瞬时能量分布特征模板库的建立及支持向量机(support vector machine,SVM)分类器的训练学习,右下虚线为实际检测中的识别过程。

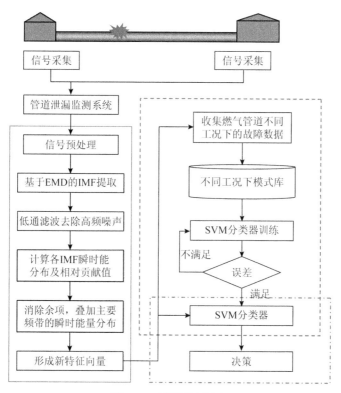

图 7-11　泄漏诊断流程

基于瞬时能量分布特征的燃气管道漏失检测诊断方法如下:

(1)分别在燃气管道调阀、调泵(包括停泵),以及漏失状态下,按一定采

样频率 f_s 进行 m 次采样,并进行预处理,得到 $4m$ 个振动信号作为样本。

(2)对每种状态下每个振动信号进行 EMD 分解,得到若干个 IMF 分量 $c_1(t),c_2(t),\cdots,c_n(t)$,不同状态下的振动信号的 IMF 分量的个数可能不等,后续的处理工作要结合实验加以分析。

(3)利用 EMD 具有的低通滤波性能,去除前 h 个高频噪声分量 $c_1(t),c_2(t),\cdots,c_h(t)$,以消除噪声对信号瞬时能量分布特征的影响。

(4)对低通滤波后的 IMF 分量 $c_{h+1}(t),c_{h+2}(t),\cdots,c_n(t)$ 做 Hilbert 变换,根据公式(7-18),得到每个信号的瞬时能量分布组成 $E(i,l,j)(t)$,$i=1,2,\cdots,m$,表示每种状态下的样本数;$l=1,2,3,4$,代表转子运行状态数;$j=h+1,h+2,\cdots,n$,表示 IMF 分量个数。计算每个振动信号包含的瞬时能量分布成分 $E(i,l,j)(t)$ 的相对贡献率 $g(E(i,l,j)(t))$,舍弃贡献率较小的趋势项成分,叠加主要频带 IMF 分量来描述信号瞬时能量分布 $E(i,l)(t)$。

(5)对每种状态每个样本信号的瞬时能量分布特征 $E(i,l)(t)$ 与相同状态内其余信号的瞬时能量分布特征求相关系数 $\rho(i,l)(t)$,以考察瞬时能量分布特征作为漏失信号特征向量的典型性。

(6)收集特定燃气管道系统典型故障数据,建立瞬时能量分布特征模板库,输入到适合的 SVM 模型进行训练,建立典型故障的 SVM 分类器,将测试样本数据输入到 SVM 分类器,可直接判断管道运行状态和故障类型,若目标值不能匹配,检查管道运行或调节状态,建立新的状态模式,将测试样本输入瞬时能量分布特征模板库,重新训练 SVM 模型。以此类推,从而可实现多种工况下管道系统的故障识别和诊断。

2.信号分析方法

互相关技术很简单。压力振动是在可疑漏失位置两侧的两个接入点使用两个传感器测量的。传感器发出的信号被传送到漏失噪声相关器,该相关器计算两个信号的互相关函数并将结果呈现给操作员。在本节的分析中,假定管道是无限长的,在所有相关的频率下,流体传播的波动没有反射间断。假设测量的数据是两个连续的随机信号 $x_1(t)$ 和 $x_2(t)$,假设它们是平稳的,设置每个信号的平均值为零,互相关函数定义如下:

$$R_{x_1x_2}(\tau)=E[x_1(t)x_2(t+\tau)] \tag{7-19}$$

其中:τ 是时间滞后;$E[\ ]$ 是期望算子。使公式(7-19)最大化的参数 τ 提供了时间延迟的估计值 τ_{leak}。然而,在实际中,$R_{x_1 x_2}(\tau)$ 只能估计为信号总是在有限的时间间隔内测量。例如,如果在固定的时间间隔 $0 \leqslant t \leqslant T$ 内测量两个信号 $x_1(t)$ 和 $x_2(t)$,则偏差相关估计 $\hat{R}_{x_1 x_2}(\tau)$ 由下式给出:

$$
\left.
\begin{aligned}
\hat{R}_{x_1 x_2}(\tau) &= \frac{1}{T}\int_0^{T-\tau} x_1(t)\, x_2(t+\tau)\mathrm{d}t \quad \tau > 0 \\
\hat{R}_{x_1 x_2}(\tau) &= \frac{1}{T}\int_{-\tau}^{T} x_1(t)\, x_2(t+\tau)\mathrm{d}t \quad \tau < 0
\end{aligned}
\right\}
\tag{7-20}
$$

所需的相关估计器可从 $X_1^*(f)$ 与 $X_2(f)$ 的逆傅里叶变换导出,并适当缩放以进行归一化,其中 $X_1(f)$ 和 $X_2(f)$ 分别是 $x_1(t)$ 和 $x_2(t)$ 的傅里叶变换,如图 7-12 所示。

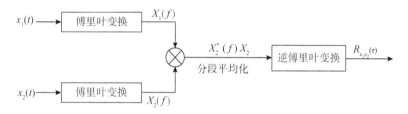

图 7-12 基于互相关函数的实现示意图

以标准化形式表示互相关函数是有用的,其范围在 -1 到 $+1$ 之间,相关系数 $\rho_{x_1 x_2}(\tau)$ 定义为

$$
\rho_{x_1 x_2}(\tau) = \frac{R_{x_1 x_2}(\tau)}{\sqrt{R_{x_1 x_2}(0)\, R_{x_1 x_2}(0)}}
\tag{7-21}
$$

式中,$R_{x_1 x_2}(0)$ 和 $R_{x_1 x_2}(0)$ 是自相关函数 $R_{x_1 x_2}(\tau)$ 和 $R_{x_1 x_2}(\tau)$ 在 $\tau = 0$ 时的取值。

7.3.3 实例分析

1.应用实例

对上述理论分析进行实验验证。针对某城市管道进行模拟实验,分别模拟调阀、调泵、漏失等多种故障。子实验转速为 6 000 r/min,采样频率为 3 kHz,采用自主研发的采集软件,在相同状态下分别采集正常、不对中、动静件碰摩及

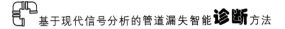

油膜涡动故障状态下的转子振动信号各 30 组。图 7-13 为漏失检测图。

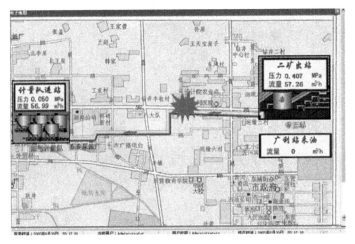

图 7-13 漏失检测图

2.信号处理

对 3 种状态下各 30 组(共 90 个)样本信号分别进行 HHT 处理,分别得到各样本信号的瞬时能量分布组成,为消除噪声等干扰因素影响,舍弃相对贡献率较小的成分。样本信号经 EMD 分解得到的 IMF 分量结果如图 7-14～图 7-16 所示。从图 7-14～图 7-16 中可以看出,不同状态样本信号 EMD 分解结果包含了丰富的尺度特征信息,如高频噪声、倍频、工频及分频成分。舍弃明显的高频噪声成分 $c_1(t)$,经实验研究发现,管道调阀时状态信号的瞬时能量分布主要由第二个 IMF 分量决定,去除趋势项 $c_3(t)$;调泵状态下信号的瞬时能量分布主要由第二、三个 IMF 分量(即高频和工频成分)表示,去除趋势项 $c_4(t)$;模拟漏失状态下信号瞬时能量主要集中在第二、三、四个 IMF 分量(即高频、工频和 1/2 倍频成分),去除趋势项 $c_5(t)$。3 种状态下 90 个样本信号主要频带 IMF 分量的瞬时能量分布相对贡献的最值计算结果如表 7-1 所示,可以看出,不同工况下主要频带上 IMF 分量的瞬时能量分布不同,同时能够基本表示出原始信号的瞬时能量分布特征。

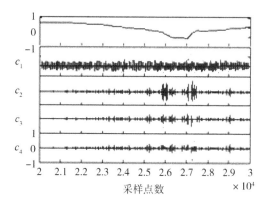

图 7-14　阀门运行的原始信号和 IMF 分量

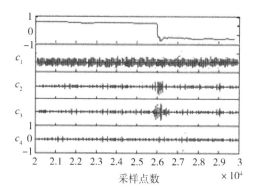

图 7-15　泵运行的原始信号和 IMF 分量

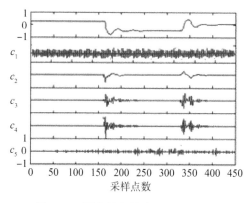

图 7-16　漏失的原始信号和 IMF 分量

表 7-1 计算 IMF 各分量系数

不同工况	IMF 各分量系数		
	第 2 个	第 3 个	第 4 个
调阀	0.94	0.60	0.37
调泵	0.95	0.97	0.55
漏失	0.91	0.93	0.98

在本节研究中,将每类状态下管道两端特征信号的瞬时能量分布特征逐个计算互相关系数,表 7-2 中列出了每类状态信号的瞬时能量分布和同类及异类中单个样本信号瞬时能量分布的互相关系数的最大值。

表 7-2 计算互相关系数

不同工况	互相关系数最大值		
	调阀	调泵	漏失
调阀	0.97	0.71	0.67
调泵	—	0.95	0.55
漏失	—	—	0.98

从表 7-2 中可以看出,同一种状态下管道两端采集信号的平均瞬时能量分布的相关性较高,而与不同状态下的样本信号相关性很小,它表明瞬时能量分布作为管道信号的特征向量具有典型性,可以作为一种有效的故障特征,以便在进一步的诊断工作中训练 SVM 模型。

7.3.4 小结

本节首先从理论上分析了瞬时能量与管道系统运行状态变化之间的物理联系,借助 HHT 方法,获取非平稳信号尤其是有突变信号时的瞬时能量分布特征,并根据瞬时能量相对贡献的量化方法消除噪声等干扰因素,建立了基于瞬时能量分布与相关分析的漏失识别模型,并采用相关系数法对首末端测点压力波动信号的瞬时能量分布特征的典型性进行相关论证分析。实验分析结果表明,该方法能有效地识别城市燃气管道漏失事件,可为城市燃气管道安全运行提供保证。

7.4　分布式光纤光栅在天然气管道漏失监测中应用

传统管道漏失诊断方法对于可压缩性强的天然气管道显得灵敏度低、检测周期长,效果不太理想,且难以提前或实时对介质漏失隐患进行上报,事故发生后难以及时准确判定漏失的具体位置。为了解决这一难题,分布式光纤传感技术被应用于输气管道的漏失监测中。

分布式光纤传感器技术可以获得被检测量在空间和时间上的连续分布信息,彻底告别传统只依靠管道首末端的参数信号识别漏失的方法,使得用分布式光纤传感器实现对油气管道的漏失监测越来越受到人们的重视。本节提出采用分布式光纤 Bragg 光栅传感技术来实现对天然气管线的在线监测,对比传统的光栅传感技术,Bragg 光栅传感技术采用的是波长调制方法,不受光强影响,同时避免了干涉型光纤传感相位测量模糊不清等问题。

7.4.1　光纤 Bragg 光栅传感检测原理

光纤 Bragg 光栅(fiber Bragg grating,FBG)是 20 世纪 90 年代发展起来的一种新型全光纤无源器件,它对应变、应力、温度、振动、压力等多个物理量敏感,应用领域非常广泛。

由于光纤光栅传感的基本原理是利用光纤光栅的有效折射率 n_{eff} 和光栅周期 Λ 对外界参量的敏感特性,将外界参量的变化转化为其 Bragg 波长的移动,通过检测光栅反射的中心波长移动实现对外界参量的测量。光纤 Bragg 光栅传感检测原理如图 7-17 所示。

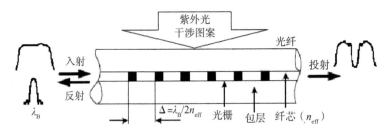

图 7-17　光纤 Bragg 光栅传感检测原理

在所有引起光栅 Bragg 波长漂移的外界因素中,最直接的为应变参量,因为无论是对光栅进行拉伸还是压缩,都势必导致光栅周期 Λ 变化,并且光纤本身所具有的弹光效应使得有效折射率 n_{eff} 也随外界应力状态的变化而变化,这为采用光纤 Bragg 光栅制成光纤应变传感器提供了最基本的物理特性。

应力应变引起光栅 Bragg 波长漂移可以由下式进行描述:

$$\Delta\lambda\varepsilon = \lambda_B(1 - P_e) \cdot \Delta\varepsilon = K_\varepsilon \Delta\varepsilon \qquad (7\text{-}22)$$

式中:$\Delta\lambda$ 为 Bragg 反射光波长变化量;K_ε 为测量应变的灵敏度;P_e 为光纤的有效弹光系数,它与光纤应变张量的分量 P_{11},P_{12} 和光纤泊松比 μ 满足下列关系:

$$P_e = \frac{1}{2}n_{eff}[P_{12} - \mu(P_{11} + P_{12})] \qquad (7\text{-}23)$$

由于温度变化而引起的 Bragg 波长变化量为

$$\Delta\lambda_B T = K_T \Delta T = (\alpha + \xi)\Delta T \qquad (7\text{-}24)$$

式中:α 为光纤的热膨胀系数;ξ 为光纤的热光系数。

由式(7-22)可知,基于此原理的光纤 Bragg 光栅应变传感器是以光的波长为最小计量单位的,而目前对光纤光栅 Bragg 波长的移动探测达到了 pm 量级的分辨率,所以具有测量灵敏度高的优点。而且只需要探测到光纤中心光栅波长分布图中波峰的准确位置,与光强无关,对于光强的波动不敏感,较强度和相位型光纤传感器具有更高的抗干扰能力。

对于应变测量而言,环境温度扰动是不可避免的,为了克服温度对测量的影响,由式(7-24)可以在测量过程中采用同种温度环境下的光纤 Bragg 光栅温度补偿传感器进行补偿克服。

7.4.2　分布式光纤光栅在天然气管道漏失监测中的应用

1.分布式光纤光栅管道漏失监测系统

在长距离监测中,必须采用多点连续测量,准分布式的多个光纤 Bragg 光栅可以很好地解决这个问题。准分布式的多个光纤 Bragg 光栅是通过不同光纤 Bragg 光栅的反射光波长 $\lambda_1, \lambda_2, \cdots, \lambda_n$ 与待监测结构沿程各监测点 $(1, 2, \cdots, n)$ 一一对应。当待测构件沿程分布点发生应力应变时,反射光的波长会发生改变,改变的反射光经过传输光纤从监测现场传出,通过光纤 Bragg 光栅解调器探测其波长的改变量,将其转换成电信号,据此可算出各个测点的应变情况。

利用这一特性,可以沿管道铺设一条光缆,利用光纤 Bragg 光栅作为分布式传感器,获取天然气管道沿程的应变信号,通过对信号的分析和处理,可以对包括油气管道漏失在内的异常事件进行判断和定位。

监测系统的原理结构如图 7-18 所示,图中只画出了三个传感光栅,实际上能够在一根光纤中复用的最大传感器数目取决于被测物理量的最大范围和光源光谱带宽,目前单路光纤上已可以制作上百个光栅传感器,因而特别适合组建大范围测试网络。

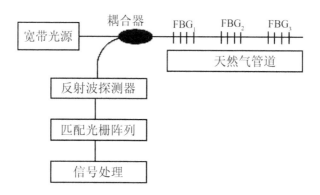

图 7-18　系统的原理如图

系统主要由宽带光源、FBG 光缆、耦合器、光探测器和计算机等几部分组成。监测原理为,光脉冲发生器发出具有一定时间间隔并与光纤光栅相匹配的光脉冲经光纤耦合器注入光纤,在光纤中向前传输,光纤上各点的背向反射光返回到入射端,经耦合器到光探测器,转换成电信号,再经放大、滤波、模数转换和数字信号处理后,将结果送给计算机数据分析系统进行分析处理。

当天然气管线发生漏失时,漏失出的高压气体作用到附近的光纤上,使光纤发生弯曲和抖动,光纤轴向方向也随之产生应变,从而导致光栅反射的中心波长移动。同时,当油气管线附近有机械施工或人为破坏时,也会对光纤施加作用力,使光纤产生应变。通过对光纤反射波长漂移的分析,可以判定油气管线是否有漏失等事件发生,同时还可以提前预报事故隐患。

2.匹配光栅法判定漏失和定位

将光纤光栅用于光纤传感器构成分布式传感网络,可以在大范围内对多点同时进行测量。图 7-18 给出的也是一种典型的基于光纤光栅的准分布式传感检测网络,可以看出其重点在于如何实现多光栅反射信号的监测,以便确定各个传感器受到的应变情况。所以采用准分布式光纤光栅传感技术监测的关键是实现对多个光栅的反射波长信号的解调。通过可调谐光纤 F-P 滤波器的连续扫描实现波长信号的解调。这种方法是利用一组与传感 Bragg 光栅相一致的匹配 Bragg 光栅来探测传感光纤光栅中心波长的移动。

本系统中,可将整个光纤光栅匹配差值通过实时曲线形式显示在管道漏失监测界面上,通过自动识别技术,根据传感器的分布情况,实时统计光栅反射波漂移的时长、幅值和平均值等,调用漏失识别和定位计算程序,逐个计算相应传感器位置上发生故障时的各个状态量,将计算结果作为依据来构造神经网络和模式识别的权值和阈值。当管线漏失时,通过判断某个传感器在故障前采集到的信息所属的性质与这个传感器故障时计算所确定的性质是否一致,来判断包括漏失在内的管道异常发生在哪个传感器附近,进一步可根据该管段上的状态量进行事故发生段内的精确定位。

7.4.3　实验结果

在模拟实验条件下,用一根长为 150 m、管径为 139 mm 的环形管道进行气体管道漏失监测实验,管道不同位置上有多个模拟漏失孔,可进行不同的漏失情况实验。在测试装置中,将一条长为 160 m 的单模 Bragg 光栅传感器测试光缆与管道并行。采用美国 NI 公司的数据采集卡和自开发漏失监测系统对检测信号进行采集和分析。使用空气压缩机向管道注入压缩空气,管内气压可以通过调节出口阀门进行改变,分别进行不同压强和不同位置情况下的管道模拟漏失实验。

图 7-19 是在管道内压强分别为 0.1 MPa,0.2 MPa 和 0.3 MPa 下进行模拟漏失实验时的光栅反射波长漂移幅值统计图,图 7-20 是在管道 32 m,55 m 和 98 m 处进行模拟漏失实验时的光栅反射波长漂移幅值统计图。漏失孔直径均为 5 mm。

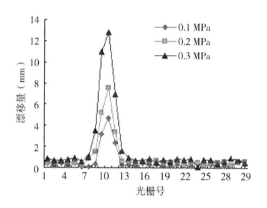

图 7-19　不同压强下光栅反射波长漂移

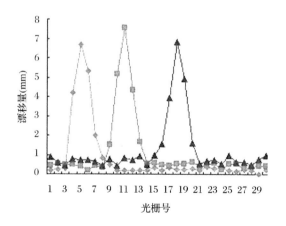

图 7-20　不同位置处光栅反射波长漂移

上述实验测试结果表明,在漏失点附近,光栅反射波会产生明显的漂移,从而可以作为管道发生漏失或其他事故的检测依据,同时,通过寻址方法可对漏失点进行定位。

7.4.4 小结

本节将分布式光纤光栅应用于天然气管道漏失监测,并通过实验得出了以下结论:

(1)气体存在弹性大、易受外界影响、动态特性变化比较缓慢等特点,因而只依靠管道进出端参数信息的漏失监测方法难以精确诊断输气管道漏失。采用准分布式光纤光栅传感技术是将由管道漏失或其他因素导致的光纤应变通过光栅反射波的改变作为检测依据。实验表明,基于光纤光栅应变传感器的漏失监测方法可以有效地监测管道漏失等异常事件并进行定位。

(2)随着长距离天然气管道长度的不断增加,同一条光缆上需要有更多的不同光纤光栅结构,这势必增加波长调制和信号处理的难度,为解决这一难题,可以采用更为先进的分布式解调系统对反射波信号进行调制,还可以采用光纤串联式分段监测的方法加以解决。

(3)由于光纤光栅传感器的传感量是它反射波长的移动量,属于波长调制方法,因而具有一些明显优于普通光纤传感器的优点,例如它不受光强相位和功率的任何干扰,从而可以有效地提高天然气管道漏失监测的灵敏度和定位精度。

(4)采用分布式光纤传感器的监控方案实现对管线运行信息及漏失的监控,是把光纤检测技术、信号处理技术和计算机技术集成为一体,实现油气管线的实时在线远距离分布式监测,从而提高了管线的监测水平,具有良好的应用前景。

7.5 应用微波技术检测天然气管道漏失

作为新型的天然气管道漏失监测方式,利用分布式光纤传感系统检测输气管线漏失,响应快,灵敏度高,定位准确,但其仅适用于已铺设有光纤的管道或在建并铺设光纤的管道,且建设成本较高。红外遥测检测方法同样具有检测灵敏度高、定位准确等优点,缺点是不能实时检测,而且其易受环境影响。针对这些困难和难点,本节提出了基于微波的天然气管道漏失识别方法,利用微波传输受气体影响有限的优点,尝试将微波技术和导波理论应用到天然气管道漏失检测中,为天然气输送管道漏失检测提供了新的方法参考。

7.5.1　基于微波的天然气管道漏失检测原理

1.微波检测方法

微波是指频率很高、波长很短的电磁波,其频段范围为 300 MHz 到 300 GHz,波长范围为 1 mm~1 m。微波本质上是一种电磁波,只不过是处在特定频段的电磁波,因而遵循电磁场理论的普遍规律。微波的传播有两种方式。一是由天线定向向空间发射,和光线一样,属视距传播。二是由人为设置的导向传输状态,也就是将微波限制在金属传输线或空心金属管道中进行传送,这种传输方式称之为波导。传播微波的金属管称之为波导管。我们研究微波在输气管道中的传输就是基于圆形波导的相关理论。

在微波频率下,把电磁能量由系统的某处输送到另一处,而不发生能量辐射的系统称之为导波系统。金属圆形管道可视为引导电磁波的圆波导。根据电磁波传播理论,微波在波导中的传播规律主要取决于波的频率、模式、波导横截面形状、尺寸和波导中填充的材料特性。当以上任意一个参数变化时,电磁波的传播特性将发生改变。如果波在管道中是以单模传输的,当在管道中存在裂纹、裂缝时,由于这些裂纹、裂缝会截断表壁上的感应电流,因此,电磁场的分布将发生畸变,微波的传播模式也会发生改变,传播模式的改变伴随着能量的改变。当出现穿透孔或裂纹时,还有一部分电磁能量辐射到管外,这样不论是传播模式还是能量都会有所变化。在工程实际中,我们更关心穿透的孔或者裂纹,而此时一部分能量辐射到管外,管内的能量减小,所以可以选取反映能量变化的功率作为特征量,根据管内外接收到的微波信号的功率变化来对管道漏失情况进行检测。

2.管道漏失判定原理

设管道半径为 a，并将金属管视为理想导体构成的圆波导(即 $\sigma = \infty$)。若在此管道中传播 TE01 模，则由麦克斯韦方程可得管道中的电磁场分布为

$$E_{\varphi} = -\frac{\mathrm{j}\omega\mu_0 a}{3.832} H_m J_1\left(\frac{3.832}{a}r\right) \mathrm{e}^{\mathrm{j}(\omega t - \beta z)} \tag{7-25}$$

$$H_r = \frac{\mathrm{j}\beta a}{3.832} H_m J_1\left(\frac{3.832}{a}r\right) \mathrm{e}^{\mathrm{j}(\omega t - \beta z)} \tag{7-26}$$

$$H_z = H_m J_0\left(\frac{3.832}{a}r\right) \mathrm{e}^{\mathrm{j}(\omega t - \beta z)} \tag{7-27}$$

$$E_r = E_z = H_{\varphi} = 0 \tag{7-28}$$

式中，E_{γ}，E_z，E_{φ} 表示 TM 波在 γ，z，φ 方向上的电磁场，H_{γ}，H_z，H_{φ} 表示 TE 波在 γ，z，φ 方向上的电磁场；ω 为相位速度(rad/s)；μ_0 为真空中磁导率(H/m)；m 可取任意正整数和零；J_1，J_0 分别为 1 阶和 0 阶贝塞尔函数；r 为导波管半径(m)；a，β 分别为衰减常数和相位常数。

由导体与空气的边界条件 $\boldsymbol{J}_s = \boldsymbol{n} \times \boldsymbol{H}_s$ 可得管道内表壁上的感应电流为

$$J_{\varphi} = H_{zm} J_0(3.832) \mathrm{e}^{\mathrm{j}(\omega t - \beta z)} \tag{7-29}$$

若在内管壁上存在纵向裂纹、裂缝，这些裂缝将截断内管壁电流。其结果是：波将在此处发生反射和散射，TE01 模的场分布将发生改变。通过检测 TE01 模在管道中传播时模式的改变可以判断管道内是否存在纵向裂纹、裂缝。

若在此管道中传播 TM01 模，则管道中的电磁场分布为

$$E_r = \frac{\mathrm{j}\omega a}{2.405} E_m J_1\left(\frac{2.405}{a}r\right) \mathrm{e}^{\mathrm{j}(\omega t - \beta z)} \tag{7-30}$$

$$E_z = E_m J_0\left(\frac{2.405}{a}r\right) \mathrm{e}^{\mathrm{j}(\omega t - \beta z)} \tag{7-31}$$

$$H_{\varphi} = \frac{\mathrm{j}\omega\varepsilon a}{2.405} E_m J_1'\left(\frac{2.405}{a}r\right) \mathrm{e}^{\mathrm{j}(\omega t - \beta z)} \tag{7-32}$$

$$E_{\varphi} = H_r = H_z = 0 \tag{7-33}$$

式中，ε 为介电常数；J_1' 为 J_1 的导数。

由于在管壁附近磁场只有 H_{φ} 分量，因此管壁电流只有 J_z 分量，其内表壁上磁场的感应电流为

$$J = a_z \frac{\mathrm{j}\omega\varepsilon a}{2.405} E_m J_1'(2.405)\, \mathrm{e}^{\mathrm{j}(\omega t - \beta z)} \tag{7-34}$$

显然,任何 a_φ 方向的裂纹、裂缝将截断内表壁上的感应电流。其结果是:波将在此处发生反射和散射,TM01 模的场分布将发生改变。通过检测 TM01 模在管道中传播时模式的改变可以判断管道内是否存在横向裂纹、裂缝。

一般说来,管道内壁上裂纹的取向是任意的,我们可以将其分解为横向分量和纵向分量,并分别在管道中传播 TE01 模和 TM01 模。通过检测其模式变化来检测其横向分量和纵向分量的存在,从而确定管道中裂纹、裂缝的存在和取向。

本节所用方法是在管道两端安装微波信号发射器和接收器,发射端发射脉冲微波信号,接收端进行采集,通过对接收端信号的能量幅值等特征的分析,确定管道是否发生漏失并获取漏失孔的相关信息。

3.漏失定位方法

本节根据管道的不同状况提出了三种定位方法,它们分别是管外定位、管内双发射双接收定位、管内单发射单接收定位。管外定位方式是通过对漏失到管外的微波信号进行采集检测分析,优点是安装维护相对容易,缺点是信号受环境影响较大。管内单发射单接收方式是在管道一端安装微波反射装置,在发射端接收反射微波信号,优点是硬件设备少,缺点是发射波和反射波属同频波,干扰较大。限于篇幅,这里只对管内双发射双接收定位原理进行介绍。在管道两端分别设置一套接收装置和一套发射装置,如图 7-21 所示。为实现两端同时发射同时接收,利用 GPS 授时系统或软件同步系统确保两端的同步(接收的同步和发射的同步)。

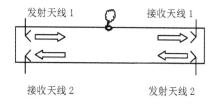

图 7-21　双发射双接收天线布置图

对两系统的信号源进行相同的脉冲调制(即调制脉冲信号的脉冲时间间隔相同),发射系统以不同的频率发射,这样即使同时发射、同时接收,两个系统发射的信号在管道内也不会互相干扰。并且在接收时给每个脉冲信号的脉冲前沿打上时间标签,这样就可以将两端脉冲信号的脉冲排序并一一对应起来。当发生漏失时,一部分能量从孔辐射出去,使得管道内部的衰减增加,接收端的脉冲信号从某个脉冲峰值开始下降,这一下降脉冲峰值的时间标签是与漏失时间和漏失位置有关的。

在图 7-22 中,左边图形表示左边发射、右边接收的系统 1 的管内传输微波信号的示意图;右边的图形表示右边发射、左边接收的系统 2 的管内传输微波信号的示意图。其中:A 表示漏失还没发生的任意时刻 t_{00};B 表示发生漏失的瞬间 t_0;C 表示在发生漏失后的调制脉冲信号前沿传到传感器(天线)处的时刻 t_1;D 表示在发生漏失后的调制脉冲号前沿传到另一传感器(天线)处的时刻 t_2。

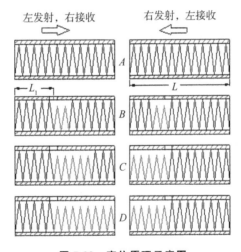

图 7-22　定位原理示意图

管道发生漏失时,接收到的调制波的脉冲幅值开始有所下降,根据管道两端接收到漏失信号前沿的时间差便可以求得漏失点的位置。根据图 7-22,计算得到漏失点定位公式为

$$L_1 = \frac{L - (t_2 - t_1) \times c}{2} \tag{7-35}$$

式中：L_1——管道漏失孔距管道一端的距离，m；

　　　L——管道总长，m；

　　　c——微波在空气中的传播速度，$c \approx 3 \times 10^8$ m/s。

7.5.2　检测系统设计

1.系统整体结构

根据导波相关理论，我们选用波长为 8 mm 的微波作为工作波。整个检测系统包括两套发射和接收系统，每套系统由可调制 8 mm 信号源、隔离器、发射天线、接收天线、晶体检波器、放大器、数据采集器以及计算机组成。系统整体结构见图 7-23。

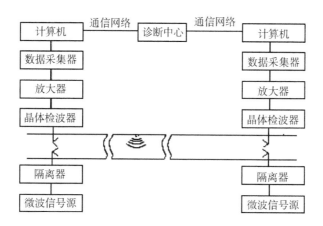

图 7-23　双发射双接收方式定位系统图

2.主要硬件模块功能

①微波信号发生器，产生可调制 8 mm 信号源，既满足了工作频带的要求，又满足了可调制的要求；②隔离器，保证发射装置不受外部电磁信号干扰；③微扰天线，作为发射和接收微波信号的传感器，本系统选取 8mm 系列中角锥喇叭天线；④晶体检波器，用来检测微波信号并对它进行调制转换；⑤高速数据采集卡，采集微波脉冲信号；⑥计算机，对微波信号进行分析处理、诊断。

3.工作过程

整个系统的工作过程是:通过两套发射装置同时向管道内发射不同模式的微波,应用两端的接收装置对其进行接收、转换、存储,再通过通信网络传到信号处理中心,根据上述方法进行处理,给出诊断报告,显示漏失点的位置和漏失量的大小。

7.5.3 实验分析

实验管道选用$\varnothing 88.2$ mm空心管道,在管道的不同截面钻不同孔径的圆孔,以模拟漏失孔。同时加工若干金属塞以保证可以进行不同位置、不同漏失量的漏失实验。实验信号采用同频矩形波对$f'=30$ GHz 和 $f'=40$ GHz 的正弦波进行调制作为入射波。

首先在没有打开漏失孔的情况下进行微波信号的发射和接收实验,此时天线接收到的微波时域波形如图 7-24 所示。在正常传播时打开管道上一个漏失孔,当出现漏失孔时微波时域波形如图 7-25 所示。可以明显看出,接收端接收到的微波信号会发生了改变。通过多次实验表明,当管道发生漏失时,接收到的微波信号功率均有所减小。通过进一步实验和分析发现,时域均值、有效值等能反映功率的参数随着孔径的增加而减小。

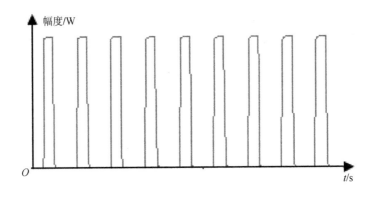

图 7-24　正常时接收到的时域信号

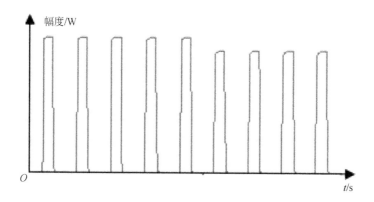

图 7-25　发生漏失时接收到的时域信号

　　这个实验定性地说明，当管道有漏失发生时，接收到的信号功率确实减小，我们可以设定一个阈值 Δm，当功率信号的衰减量超过这个给定的阈值时，就说明有漏失发生，根据衰减量的大小可以确定漏失量的大小。运用相关分析求得时间差 Δt 后便可求得漏失点的位置。

7.5.4　小结

　　本节首次提出将微波技术应用于天然气管道漏失检测中，并进行了有益的探索，室内实验已经证明这种技术是可行的。而且利用微波技术对输气管道漏失进行检测具有检测速度快、精度高、检测距离长等优点。

　　但是我们也应看到，作为波导的输气管道其边界条件很复杂，使得管道中电磁场的传播模式也相应变得复杂，另外漏失量的大小与衰减量的关系，暂时还没有具体的理论公式可供参考，因而必须采用理论和实验相结合的方法来研究。今后将结合现代信号处理技术做进一步的研究，以使这项技术尽快服务于工程实践。

第8章 管道远程数据采集与漏失监测系统

在管道的实际漏失诊断中,长距离输送管道乃至整个管道网络故障的监测都是通过输送管线系统进行数据的采集以及监控诊断。漏失监测系统一般使用 SCADA 组态系统进行数据的采集和监控,受系统本身条件所限,数据的采集频率为 $1 \sim 2$ Hz 左右。但是当管道发生一些微弱的故障时,其漏失故障特征信号往往高频成分居多,需要足够大的采样频率以提取完整的故障特征信号,而现有的大多数 SCADA 组态系统的数据采集频率无法获得足够表示出管道漏失特征的数据,进而无法完成对漏失的实时监测。因而,针对远程数据采集所面临的这一问题,需要引入新方法、新技术对已有的漏失监测系统进行改进研究,以实现远程采集完整的漏失故障特征数据,从而提高实际管道漏失监控的准确率。

本章针对管道漏失监测中 SCADA 组态系统的不足之处,设计了一套管道漏失监测软硬件系统。针对一些没有配备 SCADA 系统的老龄化油田,开发出了基于无线数传电台的原油集输管道漏失诊断系统,取得了良好的经济效益。

8.1 长输管道漏失监测系统设计

使用组态软件开发的油气管道远程监控系统是一套针对油气管线中阀门状态及管道参数的数据采集系统,可将管道内油气的流量、压力、温度等参数集中送往远程监控中心计算机进行处理,以实现监测和控制。

组态软件在管线监测与控制方面有其突出优势,但其在管道漏失诊断和自动报警方面却略显不足。主要是因为组态的主要目的是管网的监控,监测点数目多,采样周期相对较长,难以及时发现漏失并进行精确定位。如果另行配备漏失诊断硬件系统,不仅会大大增加开发成本,也会造成管网的冗余,而基于组态软件的嵌入式漏失诊断系统理论上可以很好地解决这些问题。

8.1.1 系统整体结构

长输管线系统一般都配有监控和数据采集系统(SCADA),整个管网系统采用分级分布式控制系统结构,由管线监控中心计算机、站控计算机、站控PLC 或远程 RTU、现场仪表四级构成,采用 Client/Server 模式,远程登录和局域网相结合,通过远程登录将数据从客户端传送到服务器端,实现输油监控、调度、管理和故障诊断,其系统结构如图 8-1 所示。

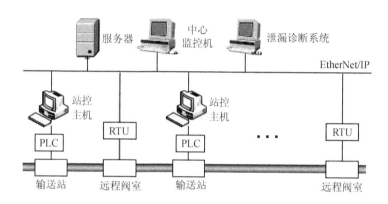

图 8-1 长输管线监控系统图

SCADA 组态系统在管线监测与控制方面有其突出优势,但在管道漏失诊断和报警方面却略显不足。因为组态系统的主要目的是管网的监控,监测点数目多,采样周期相对较长,难以及时发现漏失并进行精确定位。为此,本节提出一种基于 SCADA 系统平台的并行漏失诊断系统,可在不影响 SCA-DA 运行能力的情况下,基本依托现有硬件设施,通过开发远程数据高速采集和智能性漏失识别与定位软件,实现对长输管线漏失事故的精确诊断。

8.1.2 信息获取关键技术问题

1.远程数据采集

我国油气长输管道的 SCADA 系统一般由数据采集、数据处理、数据通信、数据存储及访问、人机界面等几部分组成。其采集的是重要输油工艺参数如进出站压力、进出泵压力、进出站油温、泵的启停状态等。数据的采集频率为 $1\sim2$ Hz 左右,这样的采集频率对漏失监测系统是远远不够的。漏失检测系统既要基于现有硬件和 SCADA 系统平台,又要克服 SCADA 系统的不足之处,才是较为理想的设计方案。为此,本系统设计采用 DDE(动态数据交换)和 OPC 技术两种方式,在原有监控系统平台上,通过自行开发远程通信和数据采集程序,直接获取远程管道的相关数据(如压力、流量、温度等),通过对所需参数的高速采集,为漏失诊断提供了良好的前提条件。

1)动态数据交换技术

动态数据交换(dynamic data exchange)技术是较成熟的数据交换技术[2],它利用 Windows 消息机制,允许应用程序之间共享内存,实现应用程序之间数据动态交换。功能上类似 OLE 但不嵌入,即客户和服务器可单独运行。在任务较为固定的分布式系统中,DDE 可简化系统结构,提高运行速度。可以高速读取远程站点 PLC 寄存器中的相应数据。

本系统中具体实现方法是在漏失检测系统中开发远程通信和数据采集模块,采用 DDE 与 RSlinx 通信软件平台连接,RSlinx 软件平台作为 DDE 的服务器端,漏失检测程序则为客户端。由客户端向服务器端发出对话请求,得到回应后可建立永久性数据链路,检测系统便可从远程站点 PLC 寄存器中直接读取数据,将采集得到的数据传送到漏失检测程序中进行处理。

2)OPC 技术

由于 OPC 技术基于 COM/DCOM 技术,能有效支持网络上分布式应用程序之间的通信,并显著地降低应用程序的开发难度,RTU 同时也支持 OPC 数据通信。中心监控机上运行的 Rslinx 通信软件与现场 PLC 或 RTU 之间采用 TCP/IP 协议实现通信,而且,Rslinx 一般配置为 OPC Server 模式,在漏失诊断系统中开发 OPC Client 通信模式,便可实现漏失诊断系统与远程 RTU 的直接通信。由漏失检测程序向 Rslinx 软件发出对话请求,得到回应后建立永久性数据链路,漏失检测所需的数据通过 RSlink 系统平台采集 RTU 相关数据送到漏失检测系统中进行分析处理。实验表明,系统的通信状况良好,达到了设计要求。

通过 DDE 和 OPC 技术的应用,增大了漏失诊断系统的数据分辨率,实现了漏失诊断系统实时诊断所需的高频数据,获得了管道运行的丰富信息。

2.远程分布式采集的时间同步

负压力波传播到首末两站压力传感器,从而在压力波形中形成的压力下降突变点称为负压波拐点。用负压波拐点进行漏失点定位,如果两端计算机采样时刻不同步,以此计算出的时间差就毫无意义,更谈不上精确定位。对于两点系统,可以定义其中一端的计算机为主机,每间隔一定时间通过通信链路向另一端的从机发送时间信息。利用自动修改从机系统时间的程序,能够使管道两端计算机有精确一致的时钟,精度可以达到 ms 级。但对于西部管线系统点数较多的时候,就需要有一个统一的时间基准,各个站都向这个统一的时间基准看齐。GPS 技术可以解决这个问题,而且其精度高,设备简单,经济可靠。

GPS 接收器在任意时刻能同时接收其视野范围内 4 至 8 颗卫星的信号,其内部硬件电路和处理软件通过对收到的信号进行解码和处理,能从中提取并输出两种时间信号:一是间隔为 1s 的秒脉冲信号(PPS),其脉冲前沿与国际标准时间的同步误差不超过 1μs;二是经 RS-232 串行口输出的与 1PPS 脉冲前沿对应的国际标准时间和日期代码(时、分、秒、年、月、日)。采集系统还可每秒获得一次 GPS 接收器传来的时间信息,用于给采集到的数据打上时间标签,以便于数据传送和处理。基于 GPS 的同步采样,可保证管道两端数据同步精度在 1μs之内,从而可以精确地求出漏失产生时的特征信息传递到管道两端的时间差,进行漏失地点的准确定位。实验表明,采用 GPS 进行同步采集后,漏失定位精度可达到总管线长度的 1% 之内,比传统方法精度提高近 3 倍。

3.信号预处理

精确获得漏失引发的压力波传播到上下游传感器的时间差,是实现定位的关键,需要准确地捕捉到漏失压力波序列的对应特征点,长输管道即使发生漏失,其漏失信号传输到上下端时也变得非常微弱,而且往往会被噪声所淹没,所以必须对压力波信号进行有效的滤波处理。

目前信号降噪方法较多,如数字滤波、五点三次平滑、小波带通滤波、自适应滤波等,在噪声和信号频谱的频率范围不同的信号预处理方面取得了较好效果,但对于漏失信息不明显或小漏失条件下负压波信号隐含在较宽频率噪声背景中,且要求降噪处理后负压波拐点位置及相位信息保持不变的情况分析能力较差。

针对这些问题,本研究利用改进奇异值分解降噪技术在相空间重构吸引子,通过分解表征吸引子的轨道矩阵,重组奇异谱的原理以获得 Frobenious 范数意义下轨道矩阵的最佳逼近来降低信号中的噪声,并保留了负压波拐点位置及相位信息,解决了传统检测系统对微小漏失信号捕捉的难题。

4.应用模式识别方法智能识别管道运行变化

应用负力波法检测管道漏失就是利用上、下游泵站的压力降现象来判断管道是否漏失并确定漏失位置,但泵站内工艺管网的调节同样也会引起管道的压力波动,所以系统应具有自学习和识别能力。管道运行过程中,正常工艺调整时的启、停泵和开、关阀等操作引起的压力波在管道中传播的过程与漏失时的情况不同,引发的压力波波形有较大的区别,用正常工况操作和管道漏失产生的波形特征构造管道漏失故障状态特征库,应用神经网络、模式识别等智能方法辨识站内工艺调节引起的压力变化和管道漏失出现的压力变化,可以大大减少系统的误报,并提高系统诊断的快速性和准确性。

嵌入式诊断原理:

远程监控中心服务器可以实时高频获取管网各站点参数信息。本系统充分利用了组态服务器的实时数据刷新频率高的优势,设计了一种基于组态系统的嵌入式漏失诊断模块,采用 DDE 技术直接从送往中心服务器上的远程 PLC 的压力寄存器里读取原始信息,增大了漏失诊断系统的数据分辨率,实现了对输油管道漏失的远程诊断,并提高了漏失点定位精度。同时,弥补了组态监控软件对漏失检测不敏感、漏点定位精度低的缺点。现场实验验证了该方案的可行性,为提高现有组态软件系统的监控能力、降低漏失监测系统的开发成本提供了一条新的途径。

漏失诊断模块是一个用 C++ Builder 编制的漏失检测软件,它作为 DDE 客户,组态服务器作为 DDE 服务器,利用 DDE 技术从中心服务器上的远程 PLC 的压力寄存器里读取各个站点压力参数原始信息,对信息进行预处理,并进行漏失事件判别。当诊断有漏失发生时,对漏失点进行定位,再用 DDE 技术把诊断结果写入各站点的 PLC 报警地址并将结果报送中心监控计算机,联合声光报警,以便通知相关站点对漏失事件进行处理,诊断原理如图 8-2 所示。

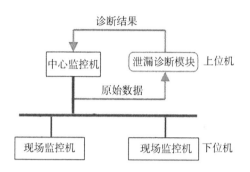

图 8-2　嵌入式诊断原理图

8.1.3　软件系统结构

漏失检测系统是基于 SCADA 系统的 RSlink 通信平台,并行于 SCADA 监控系统的独立诊断系统,具有较高的参数采集频率,能够智能识别管道运行状况,异常时自动报警。

1.软件结构模块及功能

管道漏失检测软件系统是一个复杂的实时多任务系统,主要包括的模块有:

(1)数据通信模块。主要是获取远程站点相关数据信息,并附以时间标签送入到漏失诊断模块中进行处理。

(2)漏失诊断模块。是本系统的主要功能,它可以快速识别管线的各种运行状态,当发现压力或流量有异常变化时自动进行诊断分析和报警显示。

(3)定位模块。当漏失诊断模块识别有漏失信号发生时,能自动保存漏失起始时刻,并调用漏失定位模块运用先进算法(如小波相关算法等)对漏失点进行精确定位。

(4)文件保存模块。每隔一段时间就将管道运行参数保存为数据文件。记录该段时间内各管段的运行信息,同时也保存报警时间、漏失发生的时间和漏失点的位置,并与数据库系统结合,可方便查询和分析历史运行数据。

(5)历史数据分析模块。历史数据分析模块包括历史压力显示、报警记录及漏失定位记录等功能。可根据要求显示已采集的任何一天、任何一个时段的单端波形或者两端对应的波形,并可查询历史报警时间、漏失点的位置和漏失发生的时间。

(5)显示与报警模块。该模块提供了友好的系统人机界面。系统中所检测到的各路压力和流量信号,其历史趋势曲线和当前的数值均可显示在主界面上,界面上按不同颜色将各路信号加以区分,并标以参数大小。正常运行时诊断系统显示管道历史趋势曲线和参数,当识别到漏失发生时,弹出报警界面地图并以数值形式显示漏失点具体位置所在。

2.漏失检测算法及流程

本系统软件采用实时多任务的并行诊断机制,可使信息采集、提取、识别、诊断分析、传输等功能同时执行,不必互相等待,可设置较高的采集频率,能够对管道小漏失产生的信号进行精确捕捉,从而提高漏失检测的准确度和定位精度。漏失检测与定位流程如图 8-3 所示。

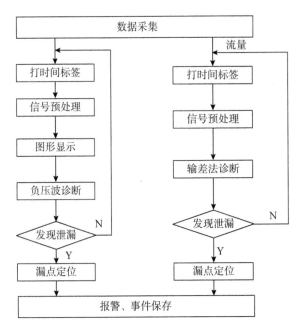

图 8-3　漏失诊断流程图

8.1.4　应用实例

该系统已在西部某输油管线上得到应用,组态监控中心包括对全部 5 个泵站的实时数据采集和监控,漏失诊断软件作为组态的附属模块安装在中心计算机上,通过单独的参数设置可以实现高频采集各条管道的参数信息,以实现对漏失的精确诊断。

1.诊断过程和监控界面

漏失诊断模块可以实时高频采集压力参数信息,经预处理后对管道运行状况进行在线诊断分析,并不断将诊断结果显示在诊断界面上,如图 8-4 所示,同时自动形成报表,将历史数据信息和诊断结果存入计算机。如有漏失发生,诊断模块会立即显示分析的结果,并将漏失信息通知给组态软件,组态软件收到漏失信息后立即弹出漏失报警界面,显示漏失所在管道和漏失点具体位置,同时进行声光报警。

诊断分析界面不仅可以实时显示各条管道进出站压力参数信息,还能显示其历史曲线信息,帮助工作人员在非漏失状态时也能直观地得知各条管道的运行趋势,如图 8-4(a)所示。

2.现场实验

由于管线在运行过程中会存在大量的调泵、调阀等造成的压力波动,因此若将这些干扰信号当成漏失信号,即会造成错报、误报。为了测试系统对管道正常运行和漏失故障进行识别的能力,本节进行了停启泵和模拟漏失实验。

1)停启泵实验

为了测试诊断系统对停启泵操作等正常工况的识别能力,在全线各站正常工作的情况下,对 3♯站一台外输泵进行了停泵、启泵操作。诊断系统检测到的实时曲线如图 8-4(b)所示。该图表明,系统能够正确识别正常的工况操作并记录下操作信息。

2)模拟漏失实验

为了模拟漏失状况,经协商决定采用 2♯中间站跨越放油实验的工况模拟实际漏失过程。共做了 3 次放油实验,其中第一次放油 4min,第二次放油8min,第三次放油 4min。漏失点位置为距离雅克拉站 20.6 km 处,整条检漏管道的总长度为 44.8 km。三次模拟放油实验中诊断系统均能检测到漏失发生并进行漏失点定位,同时将诊断结果报送组态进行声光报警。三次模拟漏失实验的定位结果分别为 19.6 km、20.2 km、21.2 km,最小定位精度为0.8%。压力波曲线如图 8-5(b)所示,组态软件声光报警界面如图 8-5(a)所示。

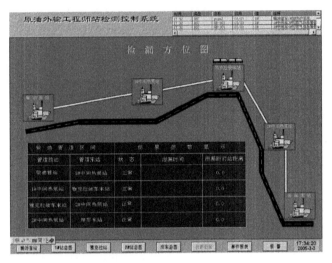

(a)漏失诊断模块界面(停启泵)

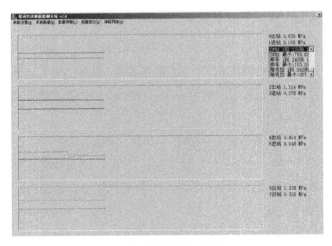

(b)组态报警界面(正常)

图 8-4　监控界面

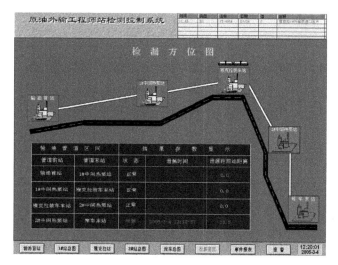

（a）漏失诊断模块界面（漏失）

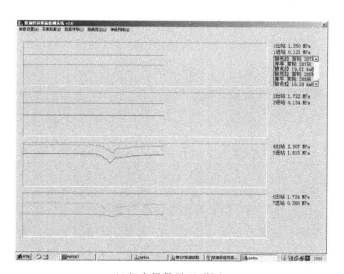

（b）组态报警界面（漏失）

图 8-5 参数显示及报警界面

上述实验验证了嵌入式漏失诊断系统应用于远程管道漏失诊断的可行性，系统不但可以正确识别出被监测管网中发生的正常工况操作和漏失事件，而且对漏失点具有较高的定位精度。

8.1.5　小结

本节提出了一套基于 SCADA 系统平台的并行漏失诊断系统,通过该系统的设计过程以及之后的实验验证,得到了以下结论:

(1)对于国内长输管道现状,负压波技术在检测大口径管道漏失时,各项技术指标已经能满足生产的需要。对于打孔盗油的问题,负压波检漏系统完全可以做到实时报警。

(2)采用负压波检漏法及流量输差法两种方法同时进行漏失检测和定位,提高了系统漏失检测的可靠性和漏失的定位精度,整个漏失检测和定位过程全部由诊断软件系统自动进行,无须人为干预。

(3)在进行漏失检测和定位时,针对管道不同构建了管道运行状态库,采用了神经网络、模式识别等智能识别技术,使该系统具有较高的漏失检测灵敏度和定位精度,并具有较好的抗站内工况扰动的能力。

(4)输油管道漏失监测与定位系统能稳定可靠地监控输油管道运行,并能显示管道实时运行数据,及时准确地定位漏失地点,并能结合 GIS 技术对漏失管段和漏失点进行直观显示。

8.2　油气管道监控系统中远程数据采集实现

基于 Modbus/TCP 技术的管道远程监控系统是基于目前发展迅猛、广泛应用于几乎所有领域且开放的 TCP/IP 技术,应用层采用工业控制领域标准的、开放的 Modbus 协议,使用户彻底摆脱了非标准的、封闭的专用工业控制网络和现场总线技术的束缚。该协议主要应用于输入输出数字量信号及模拟量信号,其传输距离长,传输速度快,应用非常广泛。本节通过将 Modbus 协议和 TCP/IP 协议相结合,实现了基于 Modbus/TCP 协议的远程网络通信和数据交换,促进了此协议在油气输送管道远程监控系统中的使用。

8.2.1　Modbus 与 Modbus/TCP 协议

1.Modbus 协议

Modbus 起初是 Schneider 下属的 Modicon 公司为其生产的控制器而设计的一种通信协议,从功能上看,可以认为是一种现场总线。Modbus 协议定义了控制器能识别和使用的信息结构,当在 Modbus 网络上进行通信时,协议能使每台控制器知道它本身的设备地址,并识别对它寻址的数据从而组织回答信息并传送出去。

当通信命令由发送设备(主机)发送至接收设备(从机)时,符合相应地址码的从机接收通信命令,并根据功能码及相关要求读取信息,如果 CRC 校验无误,则执行相应的任务,然后把执行结果(数据)返送给主机。返回的信息中包括地址码、功能码、执行后的数据以及 CRC 校验码。如果 CRC 校验出错就不返回任何信息。

2.Modbus 协议结构及通信机制

Modbus 协议有 ASCⅡ和 RTU 两种传输模式。在 ASCⅡ方式中,消息中的每个 8Bit 字节需 2 个 ASCⅡ字符,其优点是准许字符的传输间隔达到 1 而不产生错误;在 RTU 方式中,每个 8Bit 字节包含两个 4Bit 的十六进制字符,其优点是在同样的波特率下,可比 ASCⅡ方式传送更多的数据,但是每个消息必须以连续的数据流传输。

控制器可以设置为两种传输模式(ASCⅡ或 RTU)中的任何一种在标准的 Modbus 网络上进行通信。用户选择想要的模式,包括串口通信参数(波特率、校验方式等),在配置每个控制器的时候,在一个 Modbus 网络上的所有设备都必须选择相同的传输模式和串口参数。

3.Modbus/TCP 协议简介

Modbus/TCP 基本上没有对 Modbus 协议本身进行修改,只是为了满足控制网络实时性的需要,改变了数据的传输方法和通信速率。Modbus/TCP 协议是在不改变原有 Modbus 协议的基础上,只是将它作为传输层协议简单地移植到 TCP/IP 上,使它能在 Intranet/Internet 上传输。因此在 TCP/IP

基于现代信号分析的管道漏失智能**诊断**方法

网络中 Modbus/TCP 使用传输协议(TCP)进行 Modbus 应用协议的数据传输,各参数和数据使用封装的方法嵌入到 TCP 报文的用户数据容器中。经过封装,Modbus/TCP 数据帧格式包含了 MBAP 报文头(Modbus application protocol header)、功能码和数据三部分,如图 8-6 所示。

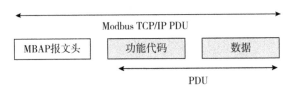

图 8-6 Modbus TCP 数据帧

与通常的 Modbus 不同,在 Modbus/TCP 报文中不再需要 CRC-16 或 LRC 校验域。因为 TCP/IP 协议和以太网的链路层校验机制保证了数据包传递的正确性。报文中专用的 MBAP 头,用以识别 Modbus 应用数据单元 ADU(application data unit),该头的具体组成及含义如表 8-1 所示。

表 8-1 MBAP 头说明

字段	长度	说明
事务处理标志	2 字节	标识一个 Modbus 请求/响应
协议标志	2 字节	0 表 Modbus 协议
长度	2 字节	随后的字节数
单元标志	1 字节	标识连接在串行线或其他总线上的远程从站

例如:客户端请求读取设备单元号为 9、寄存器地址偏移量为 4 的 1 个寄存器里面的数据(该数据的值为 5),则其请求和响应如下:

请求:00 00   00 00   00 06   09   03   00 04   00 01

响应:00 00   00 00   00 05   09   03   02 00   05

4.Modbus/TCP 协议通信机制

Modbus/TCP 组件体系结构模型在通信应用层提供 Client/Sever Modbus 接口[1,2]。Modbus Client 允许用户程序与远程设备交换控制信息。当用户程序发送命令到 Client 接口时,Client 根据其命令参数建立一个 Modbus 请求和一个 Modbus 对话,来等待和处理 Modbus 确认。Modbus Sever 接收到客户的请求时,启动本地的读写操作。这些操作的处理过程对用户程序开发人员透明。Modbus Sever 的主要功能包括等待、处理 502TCP 端口的 Modbus 请求,再根据设备情况做出回应。

通过 Modbus/TCP 通信协议,远程监控中心可以通过 Intranet/Internet 与现场设备数据服务器连接起来,从而实现远程数据采集和监控。基于 Modbus TCP/IP 的通信系统包括不同的设备,其系统结构图如图 8-7 所示。

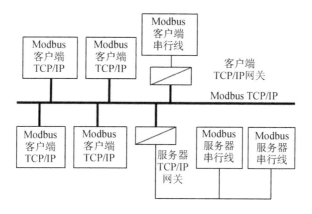

图 8-7　Modbus/TCP 网络结构

8.2.2　油气管道远程监控体系结构

1.整体框架

监控系统由两层网络组成,如图 8-8 所示,第一层是信息网络层,即以太网(Ethernet),由监控中心计算机通过网卡、以太网交换机和 Modbus/TCP 网关通过以太网单元相连而组成,监控站或远程终端通过 Modbus/TCP 协议与监控中心实现数据交换。第二层是监控器件网络层,即 Modbus 网。其组成为:①输送站站控计算机;②RTU 终端控制单元;③输送站各阀门,管道运行参数的数据采集、控制单元等。该网络层由 RS-232/485 现场总线连接而成。

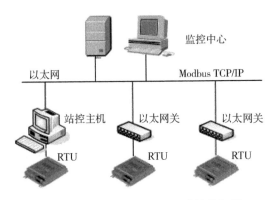

图 8-8 基于 Modbus 监控系统结构框图

2.功能说明

监控系统主机对所有站场及无人阀室的主要工艺参数进行在线实时的监视、控制和数据采集,其主要功能有:通过通信通道向各个 RTU 采集主要工艺参数及运行状态;向各被控站发送控制指令,通过站控系统执行完成:运行参数采集、状态显示、动态趋势显示、历史趋势显示、模拟流程显示;运行事件、资料存储、记录;运行报表打印、事故状态报告打印;数据处理;系统故障检测、报警。

8.2.3 基于 Modbus/TCP 的远程通信实现

1.网络通信实现

系统由两层网络结构组成,分别由现场总线和 Modbus 及 Modbus/TCP 协议实现网络单元之间的通信。

1)现场总线单元之间的通信

站控计算机和 RTU 终端构成分布式泵站监控站,处在第二层网络,通过 RS-232/485 转换接口及双绞线构成现场总线网络,通过 Modbus 协议实现数据交换。站控计算机采用 Client/Server 方式,可实现过程级优化协调控制,向下读取 RTU 数据,向上发送监控站各参数信息并接收监控中心下达的调度控制信息。站控 RTU 作为现场检测控制主机,采集管线流量、压力、温度等信号,控制泵、阀等执行机构动作。现场仪表主要由各种传感器和高速采集卡组成,负责采集泵站各阀门、油罐状态及管道运行参数信息。

2)监控中心与站点监控机或 RTU 之间的通信

RTU 作为一种远端测控单元装置,负责对现场信号、工业设备的监测和控制。与常用的可编程控制器 PLC 相比,RTU 通常要具有优良的通信能力和更大的存储容量,适用于更恶劣的温度和湿度环境,提供更多的计算功能。正是由于 RTU 完善的功能,使得 RTU 产品在远程监控系统中得到了大量的应用。每个 RTU 也都具有一个节点地址。

由于 Modbus/TCP 协议采用 Client/Server 的通信模型,因此协议实现时分为客户端程序和服务器端程序两部分。监控中心作为客户机,远程站控计算机或 RTU 作为服务器端。服务器端可以并行处理多个客户请求。监控中心根据 Modbus/TCP 的通信机制实时地通过各个网段的 502 端口直接读取与之相连的远程终端的存储单元的数据并存入数据服务器中。监控中心组态软件程序运行时,可以通过设置一定频率从远程服务器中采集数据,并绘制出相应的曲线。

2.以太网网关功能

RTU 终端一般是通过 RS-232/485 转换接口及双绞线构成现场总线网络,通过 Modbus 协议实现数据交换。而与远程监控中心则是通过 Modbus/TCP 网络协议结构实现数据交换的,因而需要添加特定的以太网网关,来实现 Modus 协议与 Modbus/TCP 协议之间的转换。图 8-9 是以太网关内部的软件功能模块的示意图。

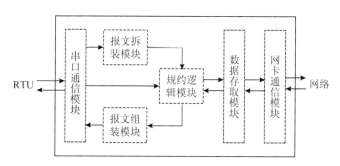

图 8-9　以太网卡功能模块图

网关将从串口得到的 RTU 数据经过报文拆装后,根据规约进行转换,通过网卡通信模块发送到网络上。反之,网络上的数据到达网关后也经规约转换后,组装成新的报文,发送给目的 RTU。

3.远程数据通信程序实现方法

硬件安装及网络设置完毕后,用户可采用 Intouch 等专业组态软件对远程泵站进行实时监控,也可以通过自行开发的 VC、VB、DELPHI 程序软件实现对远程终端的访问和数据采集,自行开发的软件模块可以采用 Sockets 编程实现。

Windows Sockets 接口是 TCP/IP 网络最为通用的 API,已成为 Windows 网络编程事实上的标准。它以 Unix 中流行的 Socket 接口为范例定义了一套 Microsoft Windows 下网络编程接口函数库。Microsoft 在 Socket API 库的基础上创建了 Winsock 控件,专门用于 Windows 接口,与 Sockct 完全兼容。利用 Winsock 控件可以与远程计算机建立连接,Winsock 包含有用户数据报协议(UDP)和传输控制协议(TCP)。Winsock 控件对用户来说是不可见的,它提供了访问 UDP 和 TCP 网络服务的方便途径。Winsock 封装了烦琐的技术细节,编写网络应用程序时,不用了解 TCP/IP 的细节或调用低级的 Winsock API。通过设置控件的属性并调用其方法就可以轻易地连接到一台远程机器上去,并且可以进行双向通信。

利用 Winsock 创建通信过程如下:

基于 TCP 通信,需要分别建立客户程序和服务器应用程序。创建客户应用程序,就必须知道服务器的名或 IP 地址(Remote Host 属性)和进行侦听的端口(Remote Port 属性),然后调用 Connect 方法。创建服务器应用程序,就应设置一个收听端口(Local Port 属性)并调用 Listen 方法,即可等候远程客户端进行调用与连接。因此,当主机端接收到客户端调用并且要求连接的信息时,将会触发"要求连接(Connection Request)"事件,接着进行标准的"允许"或"拒绝"操作。一旦主机端与客户端连接成功后,任何一方都可以收发数据。调用 SendData 方法发送数据,当接收数据会触发 DataArrival 事件时,调用该事件内的 GetData 方法可以获取数据。

4.数据发送及接收部分源代码

笔者用 VB 和相关控件编制了监控系统的远程数据通信和数据交换模

块，这里给出客户端（监控中心）与远程终端（RTU）之间的数据请求与接收关键源代码：

```
Private Sub Command3_Click()
Dim outbuf(12) As Byte
outbuf(0) = &H0
outbuf(1) = &H0
outbuf(2) = &H0
outbuf(3) = &H0
outbuf(4) = &H0
outbuf(5) = &H6'数据长度
outbuf(6) = &H9'设备单元
outbuf(7) = &H3'Op-Code 功能码
outbuf(8) = &H0'Start-Hi 第一个寄存器高位地址
outbuf(9) = &H4'Start-Lo 第一个寄存器高位地址
outbuf(10) = &H0'Count-Hi 寄存器数量高位
outbuf(11) = &H1'Count-Lo 寄存器数量低位
Winsock1.SendData outbuf '发送数据
End Sub
Private Sub Winsock1_Connect()
Status.Caption = "Connected"
IP.Caption = Winsock1.RemoteHostIP
Port.Caption = Winsock1.RemotePort
End Sub
Private Sub Winsock1_DataArrival(ByVal bytesTotal As Long)
Dim inBuf(20) As Byte
  For i = 0 To bytesTotal - 1
      Winsock1.GetData inBuf(i)
  Next
  Text1.Text = Str(inBuf(9) * 256 + inBuf(10))
```

End Sub

Private Sub Winsock1 _ Error（ByVal Number As Integer，Description As String，ByVal Scode As Long，ByVal Source As String，ByVal HelpFile As String，ByVal HelpContext As Long，CancelDisplay As Boolean）

　　MsgBox "Winsock Error：" & Number & vbCrLf & Description，vbInformation

　　Winsock1.Close

End Sub

8.2.4 漏失检测软件系统设计

1.漏失检测系统软件设计

管道漏失检测软件系统是一个复杂的实时多任务系统，需同时完成的任务有：①信息获取；②负压波诊断；③GPS同步；④数据通信；⑤实时模型诊断。软件系统采用模块化设计，其结构框图如图8-10所示。

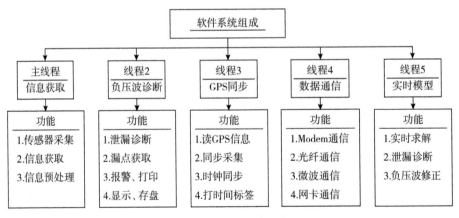

图 8-10　软件系统组成

1）信息获取

信息获取作为主线程，主要负责用户界面的显示、参数设置、数据采集、实时显示管道当前和过去的运行参数等，它是系统的核心部分。

2）负压波漏失诊断

这是本系统的主要功能。它可以识别管线运行状态，当发现压力有异常变化时自动进行诊断分析和报警显示。

3）GPS 同步

利用 GPS 技术可以保证对管线运行参数采集的同步性和精确性，从而大大提高漏失检测的定位精度。

4）数据通信

采用 Modbus 和 Modbus/TCP 协议实现各级设备之间的数据交换过程。

5）实时模型

通过实时模型诊断法和负压波诊断法的综合使用，可以提高管道诊断的正确率。

本系统软件采用实时多任务的并行诊断机制，可使信息采集、提取、识别、诊断分析、传输等功能同时执行，不必互相等待，采集频率能够很高（最高可达 20 kHz），可以对管道小漏失产生的信号进行精确捕捉，从而提高漏失检测的准确度和定位精度。监控中心通过 Modbus/TCP 协议直接读取现场的设备参数信息，将参数分段打上时间标签，进行小波降噪等预处理后，逐段对管道进行漏失检测分析。

8.2.5　现场实验结果

基于此设计方案，本节选用 C++ Builder 编制了输油管道漏失在线诊断系统。实验管道位于塔河油田某原油输送管线，整个管线全长 109.9 km，分别由输油首站、1♯站、中心站、2♯站和末站五个泵站组成，原油管道内径为 559 mm，出站温度为 70 ℃，进站温度约为 40 ℃，输油流量为 278 m³/h。为了提高检测系统的可靠性，在输油工况变化的情况下分别做正常工况操作和模拟漏失实验。

1.正常工况操作——停、启泵实验

为了测试诊断系统对停、启泵等正常工况的识别能力，在全线各站正常输送的情况下，将中心站一台外输泵进行了多次停泵、启泵的实验，每次停泵 3～4min。表 8-2 列出了工况切换下系统检测的结果，说明诊断系统能够正确识别正常的工况操作。

2.模拟漏失实验

为模拟实际漏失状况,经协商决定采用 2♯中间站跨越放油实验的工况来模拟实际漏失过程。2♯中间站距中心站 20.6 km,距末站 24.2 km,即模拟漏失管线全长为 44.8 km,漏失点距离上游站 20.6 km。一共进行了 10 次放油实验,表 8-3 列出了模拟漏失的诊断结果。

表 8-2　现场工况检测结果

工况名称	切换次数	报警次数	误报警率%
停泵	5	0	0
启泵	5	0	0

表 8-3　现场管道漏失定位结果

实验序号	定位点/km	绝对误差/km	相对误差%
1	21.05	0.45	1.00
2	20.25	−0.35	−0.78
3	20.86	0.26	0.58
4	20.94	0.34	0.76
5	20.32	−0.28	−0.63
6	21.08	0.48	1.07
7	20.35	−0.25	−0.56
8	20.88	0.28	0.63

由表 8-2 和表 8-3 可知:漏失检测系统能够在工况变化的情况下,准确判断出检测参数变化的原因,准确率达到 100%;在较短时间内全部判断发生漏失的管段并给出漏失位置;实验最小定位误差为 0.58%,达到了较高的定位

精度。由于模拟漏失采用的是站点跨越放油的方式,试验管道长,形状复杂,实验中油品参数信息不免要受到站点各设备的影响,因此,系统对实际漏失的诊断精度理论上应该比实验中还要高。

　　由现场实验可见,基于 Modbus/TCP 协议实时多任务的管道漏失远程检测系统误判率为零,并且几乎没有漏判;相对定位误差达到了 0.58% 的较高定位精度;系统运行稳定可靠,移植性好,是一种值得推广的管网漏失诊断方法。

8.2.6　小结

　　Modbus/TCP 通信协议是一个迅猛发展的工业标准,具有开放、易实现、扩展性好、用户范围广等优点。基于 Modbus/TCP 的输油管线漏失远程诊断系统是建立在对 Modbus 和 Modbus/TCP 通信协议的深刻了解基础上的,通过网络协议将现场设备的状态信息连入 Internet,以实现更为远程的监控和在线诊断分析。此技术方案的应用将会越来越广泛,是当前控制和检测系统的发展方向。本节基于 Modbus/TCP 协议的远程油气管道监控系统在实验上的应用表明,系统具有性能价格比高、运行可靠、扩展性好、节约监控成本等特点。基于该协议的监控系统在水利工程及其他行业的监控系统中也具有很好的应用参考价值。

8.3　基于无线数传电台的原油集输管网漏失诊断系统设计

　　目前,在国内一些老龄油田,由于原油生产量开始出现下降或者间歇性生产,油田集输管网特别是老龄油田集输管网大多没有配备价格较高的 SCADA(super control and data acquisition)系统,自动化程度相对较低,此类油田配备 SCADA 系统搭设电缆成本在经济上并不划算。为了解决此类原油集输管网漏失实时监测问题,针对实际情况开发出适合的原油集输管道漏失诊断系统具有重要的现实意义,而用无线数传电台方式实现远程数据采

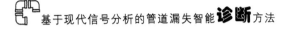

集和监视,相对于架设专用电缆,具有造价低廉、施工快捷、运行可靠、维护简单等优点。

8.3.1　方案选择

由于老龄油田原油集输管网没有类似局域网的远程数据通信平台,所以在开发漏失诊断系统之前必须根据现场实际情况选用经济可靠的通信手段。目前,工业上常用的远程通信有以下几种方法:

1.电话线网

随着电话网在城镇的迅速普及,利用现有的电话网进行数据通信也是一种简单方便的方案。利用电话网通信,只需在数据终端和主站处主机各加装调制解调器即可实现拨号或租用电话线路。其通信速率可以为 2.4 kbps,9.6 kbps甚至 56 kbps。使用电话交换网的通信系统结构如图 8-11 所示。采用拨号电话线方式进行数据通信时,线路连接(包括呼叫应答等)时间较长,通常需几秒到几十秒,当数据终端数目 n 较多时,通信效率将大幅度下降,而且租用电话线路多,其租用费用也很可观,因此不适合大容量系统。

图 8-11　使用电话线进行数据传输

2.GPRS 通信

通用分组无线业务(GPRS),是在传统 GSM 网络系统上发展起来的一种标准化的分组交换数据业务,主要用于无线通信。GPRS 数据终端支持TCP/IP,PPP 协议和透明数据传输,每个用户可占用多个信道,同一信道又可以为多个用户共享。其覆盖范围基本上与 GSM 网络相同,理论上带宽可以达到 171.2 kbps。GPRS 无线网的优势在于能提高资源利用率,在通信过程中不需要建立保持电路,符合数据通信突发性的特点,它具有组网迅速灵活、成本低、覆盖范围广、实时在线、按数据流量计费、登录网络快捷等特点。

由于 GPRS 的这些特点,使它适合多点分散的远程数据传输。GPRS 远程监控系统由在线监控终端、GPRS 通信模块、GPRS 网络、Internet 公共网络、数据服务器、及监控中心计算机等组成。但是,原油集输管网漏失检测不仅需要分散数据传输,还需要实时采集大量数据信息,对于公用 GPRS 网络,占用资源大,而且成本同样也不低。如图 8-12 所示为 GPRS 远程监控系统结构。

图 8-12　GPRS 远程监控系统结构

3.光纤通信

光纤通信是 20 世纪 70 年代发展起来的通信方式,采用光纤进行数据通信的主要优点是:通信速率高、可靠性高,并有很强的抗干扰能力,它可以沿架空线架设或与电力电缆一起敷设,是一种良好的配电自动化通信方式。光纤通信的不足之处是投资大。光缆是目前计算机网络中最有发展前途的传输介质,它的传输速率可高达 1 000 Mbps 甚至更高。光缆适用于点-点链路,所以常应用于环状结构网络。光纤适用于数据传输量大、可靠性要求高的场合。随着技术的发展,光纤会有更为广阔的应用前景。但是在管网漏失诊断系统开发中,光纤通信建设成本很高,而且周期也比较长。

4.无线数传技术

所谓无线数据传输是指无须架设或铺埋电缆,把所要传输的数据信号通过无线数传电台转换成无线电波进行传送,而接收端则需要将无线电信号还原为发送端所传的信息。在实际使用中,地面微波通信已经成为当前最常使用的无线数据传输方式。这种通信方式是一种在对流层视距范围内,利用微波波段的电磁波信息传输数据的方法。利用微波进行数据传输时,需要在地面架设终端站和中继站。终端站一般由收信机、发信机、天线、多路复用设备组成。中继站一般也有相应的接收机、发送机和天线系统。其中,中继站的功能是进行信号变频、放大和功率补偿,两个终端之间的通信,通过中继站以接力方式完成数据传输。在没有障碍的情况下不使用中继站能够传输的最大距离为

$$d = 7.14\sqrt{kh} \tag{8-1}$$

其中,d 为传输距离,km;h 为天线高度,m;k 为调整因子,一般为 $4/3$。

使用地面微波通信方式进行数据传输具有数据传输量大、可靠性高等优点。在远距离传输中,与导向性媒介相比建设费用低;较之其他数据传输方式,其成本低廉,灵活性较好,更易于克服地理条件的限制。

比较以上几种远程通信手段,用无线数传技术建立专用无线数据传输方式具有成本廉价、建设工程周期短、适应性好、扩展性好、设备维护上更容易实现等诸多优点,再依据现场实际情况以及经济适用的原则,最后决定选用无线数传技术作为远程通信手段。经过计算和现场测试,它完全能够满足实际需求。

8.3.2 无线数传单元设计

实时可靠的获取各站点数据信息是系统诊断分析的前提,因而无线数据传输单元是本系统中的重要组成部分,它的功能是将各远程站点的管道参数信息实时传送给监控中心进行集中分析,并把诊断结果传递给相关站点。远程站点和监控中心之间的数据实时交换通过数传电台和天线实现。

1.无线数据传输单元的硬件结构

原油集输管道远程站点无线传输单元主要由远程 RTU、无线数据发射器、无线数据接收器(即无线数传电台)和天线组成,系统结构见图 8-13。

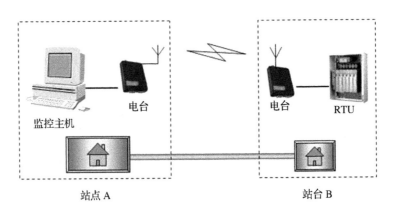

图 8-13　远程通信系统结构图

无线数据发生器、无线数据接收器一般可集成为无线数传电台,其作用是发送数据前的打包及接收数据的解包,实现无线通信链路的握手协议,实现与监控中心的实时信息交换。本系统中无线数传电台采用了九旭科技(深圳)有限公司 TH239 专业无线数传电台作为无线收发模块,它体积小,传输效率高,抗干扰性强,非常适合地理环境复杂、位置偏僻的场合。

2.无线通信协议

在原油集输管网诊断系统中,远程站点较多,中心站与每个远程站点通信时间非常有限,通常的“一问一答”的轮询方式信道利用率低,浪费时间,无法满足系统的要求。所以我们在设计时采取了“主问从答”的握手方式。信道空闲时主电台不断发送 CR(connect request)请求链接信号,当远程站点电台在规定时间内侦听到监控中心主电台的 CR 信号后才和主电台握手建立链接,完成本次数据实时交换,主站获取正确信息后不再对该站点进行广播,直到下一个时间段才重新启动请求连接。但是“主问从答”的握手方式会带来“一问多答”的问题,即多个远程电台同时向主电台发送握手信号。

3.无线数据传输单元软件设计

无线数据传输单元软件设计包括监控中心和远程站点两部分。监控中心巡检软件是中心计算机内独立运行的软件,用 C++ Builder 6.0 软件编写。它具有对主电台动作进行控制,收发数据的打包、解包、检错、纠错,数据库的写入,显示巡检具体信息等功能。

监控中心巡检软件在诊断系统运行前启动巡检任务,按照编号逐个对远程站点电台发送广播请求,获取远程数据。主电台在第一轮巡检时,对每个远程电台最多发出 3 次广播请求,采集远程站点数据,以保证远程站点较多的情况下,防止因个别站点通信不畅影响整个管网的数据采集。当对所有远程站点进行一轮巡检后,才对巡检不成功的远程站点进行第二轮或者第三轮巡检,规定时间内仍然不成功的远程站点,系统会自动记录并保存相关信息,以防止漏失诊断系统出现误判断。图 8-14 所示是中心巡检软件巡检过程中对某个电台的巡检和数据交换流程。

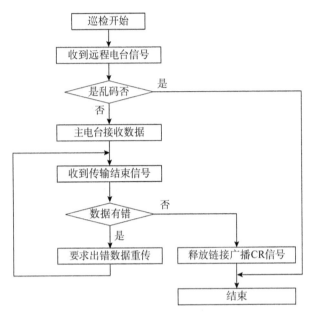

图 8-14　主电台对远程站点巡检流程

8.3.3　基于无线数传电台的管网漏失诊断系统

1.系统拓扑结构

本系统中,每个管网设置一个监控中心,其他站点均为远程站点,通过无线数传技术实时将远程站点数据传输到监控中心站中由计算机构成的分布式检测系统。系统方案拓扑结构如图 8-15 所示。

整个系统分为两大部分:中心监控室系统和监控站系统,分别安装在中心监控室和监控站,其中核心是监控站系统。监控中心主要包括管道漏失监控主机、本地数据采集模块、本地 PLC、与远程站点进行通信的主电台等。监控中心是操作、监视、控制管理和设计的中心,它的主要任务是对整个集输管道进行漏失诊断分析,同时,它还要负责对远程站点的巡检,实时获取各远程站点的管道数据信息。本地 PLC 和数据采集模块主要完成本地数据的采集工作。

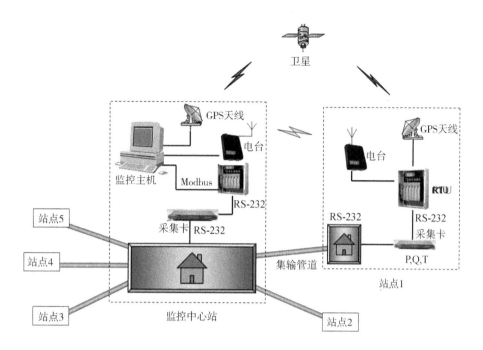

图 8-15　原油集输管网漏失诊断系统结构图

2.系统主要硬件组成

1)传感器及数据采集卡选择

系统中,信号采集装置由压力变送器、流量计、温度变送器及数据采集卡组成。压力变送器采用 Rosemount1151,精度为 0.2 级,标准输出电流为 4～20 mA。流量计采用管道中安置的腰轮流量计,其输出为脉冲信号。温度变送器采用型号为 WZPB 的 Pt100 电阻,其输出为二线制,标准输出电流为4～20 mA。

本系统中的数据采集卡使用中泰研创公司的 PCI8335 型多功能数据采集卡,它是一种基于 32bitPCI 总线的即插即用多功能数据采集卡,具有 32 路单端/16 路差分模拟量输入,12 位的转换精度及 8 路数字输入输出,能够进行软件触发、FIFO 半满中断及定时启动等多种 A/D 采样控制操作。

2)RTU 模块

RTU(remote terminal unit),中文全称为远程终端控制系统,负责对现场信号、工业设备的监测和控制。其中包括：开关量输入单元、开关量输出单元、模拟量输入单元、模拟量输出单元、脉冲量输入单元、脉冲量输出单元及数字量输入单元。系统中在每个站点均安置 RTU，对现场仪表进行控制并存储数据信息。

RTU 是采用单片微机技术设计的新型数据采集传送设备。RTU 可以采集工业现场变送器输出的各种模拟量、数字量、脉冲信号；可以输出控制信号，控制继电器输出；采用 RS-232 和 RS-485 通信，可以连接电台、Modem 或直接连接通信主机；同时支持 Modbus 通信协议。可靠的通信功能可以使其方便地与上位机通信实现工业组态，数据监控。RTU 已典型应用于石油、地质、热力等行业中，配合无线电台、串行设备服务器、GPRS、CDMA 等无线路由终端组成数据遥测遥控、采集系统。本系统中，采用安控 SuperE 系列RTU，它具有抗干扰性强、稳定可靠等特点。

3）GPS 校时模块

在原油管道漏失监测系统中，要求对每个站点压力、流量等信息进行实时同步采集，并把采集到的数据保存起来。当系统检测到有漏失时，子站会在发送数据的同时进行相应的有"负压波"指示，此时可调出相应的数据进行分析，确定漏失点的位置。要准确确定负压波传播到上、下游站压力传感器的时间差，就要做到调出来做分析的那一段数据的起始时间一致，也就是要求每条管道上、下游站采集设备系统时间一致。为此我们借用已有的全球卫星定位系统（global positioning system，GPS）来使各站计算机的系统时间保持同步。

GPS 接收机输出标准秒脉冲和含有时间信息的数据流，提取时间信息来校正计算机或远程 RTU 的系统时间，就能够达到使各远程 RTU 监控中心计算机的时钟保持一致的目的。GPS 接收机一经安装上就连续不断地工作，这就可以随时修改计算机或采集设备的系统时间，在使用中可根据实际情况来确定多长时间校正一次系统时间。

4）无线数传模块

通过分析和调研，本系统选用九旭科技（深圳）有限公司 TH239 专业无线数传电台作为远程无线数据交换模块。TH239 集成了无线和数传技术，是专业用于数据传输、无线遥控的多功能电台。它采用的是 4FSK 调制方

式,传输速率可达 19.2kbps,具有接入方便、可靠性强、用户可编程及适应面
广等优点,可广泛用于水文、水利、电力、气象、铁路、油田、报警、遥测、遥控及
GPS 移动用户等多种场合。通过 RS-232 接口和其他接口组合,TH239 可构
成多种用户通信系统,因此具有很强的使用灵活性。

(1)H239 产品特点:

TH239 采用铝合金结构,有良好的抗电磁干扰能力,见图 8-16。本机为
中等功率(5 W)设计,适用于中等距离 5～20 km 的通信,可用于点对点、点
对多点的各种透明及协议方式的数据传输,可作为小型蜂窝状通信网络的控
制中心或数据集中与转接,内设 32 k 的数据缓冲存储能力。

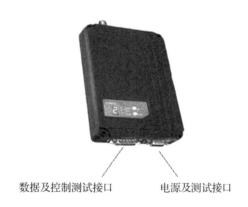

数据及控制测试接口　　　　　电源及测试接口

图 8-16　TH239 无线数传电台

(2)传输特性:

传输速率:9.6 kbps、19.2 kbps;

通信接口速率:300 bps～19.2 kbps,由编程设置;

字节长度:10～11bit;

数据时延:≤10 ms;

时序特征:如图 8-17 所示。

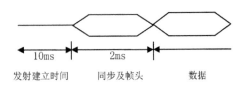

图 8-17　T239 的时序特征

5）监控中心主机

监控中心主机是诊断系统的核心部分,主要运行管道漏失诊断软件,对原油集输管道进行诊断分析。同时,监控主机上还有巡检软件,负责发送巡检指令实时获取远程站点管道运行数据信息,并存入本地数据库以备历史查询。由于诊断系统和巡检软件都是实时多任务的诊断软件,为此,本系统选用西门子 SIMATIC 机架式工控机,它优越的系统性能和良好的扩展和延伸能力,使它能用于所有的工业领域。

在远程无线数据采集系统中,每个智能采集终端(RTU)都集成了数据采集模块、微控制器模块、数据缓冲区、无线收发模块等多个模块。RTU 主要完成远程站点管道的数据采集,如采集管线流量、压力、温度等信号,并通过电台天线发射形式将实时数据传输给监控中心进行诊断分析处理。RTU 模块本身也具备简单的诊断功能,如传感器或采集卡故障导致采集失败,RTU均能自动检测到。

测试结果表明,该系统可实时监测原油集输管网运行状态,及时发现漏失事件,并进行漏点定位与报警。系统已成功应用于大庆采油一厂两个原油集输管网,为管网的安全运行、避免漏失事故影响的扩大、减少因漏失造成的经济损失和环境污染做出了积极的贡献,同时也创造了巨大的经济效益和社会效益。

8.3.4　小结

本节针对老龄油田集输管网的现场环境及特点,设计开发了基于无线数传技术的原油集输管网漏失诊断系统。现场测试表明:这种基于无线数传技术的原油集输管网漏失诊断系统运行稳定可靠,同时为今后类似系统的开发提供了参考。

参 考 文 献

[1] 严琳,赵云峰,孙鹏,等.全球油气管道分布现状及发展趋势[J].油气储运,2017,(05):481-486.

[2] 唐恂,张琳,苏欣,等.长输管道泄漏检测技术发展现状[J].油气储运,2007,26(9):11-14,29.

[3] 孙洪,骆建德,姚成林.塘沽——燕山输油管道泄漏监测系统.油气储运[J],2007,26(9):42-45.

[4] Benkherouf A.Leak Detection and Location in Gas Pipelines[J].IEEE Proceedings,March,1988,135(2):142-148.

[5] Zhang X J.Statistical Leak Detection in Gas and Liquid Pipelines[J].Pipes & Pipelines International,July-August 1993:26-29.

[6] 陈培宏.对开拓我国城市燃气技术市场的思考[J].科技与企业,2015(07):90-91.

[7] 刘祖德,赵云胜.天然气集输站泄漏监控系统研究[J].安全与环境学报,2007,7(2):130-132.

[8] Zhang J,Twomey M.Statistical Pipeline Leak Detection Techniques for All Operating Conditions[C].26th Environment Symposium & Exhibition,California,March 2000:27-30.

[9] 王海生.叶昊.王桂增.基于小波分析的输油管道泄漏检测[J].信息与控制,2002,31(5):456-460.

[10] 王占山,张化光,冯健,等.长距离流体输送管道泄漏检测与定位技术的现状与展望[J].化工自动化及仪表,2003,30(5):5-10.

[11] Mpesha W,Gassman S L.Leak detection in pipes by frequency response method [J].Journal of Hydraulic Engineering,2001,February:

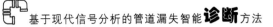

134-147.

[12] 祝悫智,段沛夏,王红菊,等.全球油气管道建设现状及发展趋势[J].油气储运,2015,(12):1262-1266.

[13] 梁伟,张来斌,王朝晖.Bootstrap 分析在管道泄漏状态库构造中的应用[J].机械强度,2005,27(6):730-733.

[14] 高伟.长输管道泄漏检测及定位专利技术综述[J].电子技术与软件工程,2017,(13):169-70.

[15] 王立宁,李健,靳世久.热输油管道瞬态压力波法泄漏点定位研究[J].石油学报,2000,21(4):93-96.

[16] 任伟建,孙勤江,林百松,等.基于自适应免疫算法的输油管道泄漏定位研究[J].信息与控制,2007,36(5):634-638.

[17] 付道明,孙军,贺志刚,等.国内外管道泄漏检测技术研究进展[J].石油机械,2004,32(3):48-51.

[18] Chen Q,Shen G D,Jiang J C,et al.Effect of rubber washers on leak location for assembled pressurized liquid pipeline based on negative pressure wave method[J].Process Safety and Environmental Protection,2018,119.

[19] 王长龙,傅君眉,徐章遂,等.天然气管道漏磁检测中的信号处理[J].天然气工业,2005(06):100-101+112-179.

[20] 唐恂,张琳,苏欣,等.长输管道泄漏检测技术发展现状[J].油气储运,2007,26(7):11-14.

[21] 韦国东.城市燃气工程施工难点及对策研究[J].建材与装饰,2017(17):37-38.

[22] Liu C W,Liao Y H,Cui Z X,et al.Sound-turbulence interaction model for low Mach number flows and its application in natural gas pipeline leak location[J].Process Safety and Environmental Protection,2020.

[23] 卢泓方,吴晓南,Iseley T,等.国外天然气管道检测技术现状及启示[J].天然气工业,2018(02):103-111.

[24] 周琰,靳世久,张昀超,等.分布式光纤管道泄漏检测和定位技术[J].石

油学报,2006,27(2):121-124.

[25] Osiadacz A J,Chaczykowski M.Comparison of isothermal and non-iso-thermal pipeline gas flow models[J].Chemical Engineering Journal,2001,81(1):41-51.

[26] 郑贤斌,陈国明,朱红卫.油气长输管线泄漏检测与监测定位技术研究进展[J].石油天然气学报,2006,28(3):152-155.

[27] 王帮峰,陈仁文.基于应力波检测的输油管道泄漏定位监测系统[J].仪器仪表学报,2007,28(6):1012-1017.

[28] 吴荔清,娄胜南.小波 Semisoft 阈值函数在输油管道泄漏信号处理中的应用[J].科学技术与工程,2007,7(21):5658-5661.

[29] 夏海波,张来斌,王朝晖,等.小波分析在管道泄漏信号识别中的应用[J].石油大学学报(自然科学版),2003,27(2):78-80,86.

[30] Ferrant M,Brunone B.Pipe system diagnosis and leak detection by un-steady-state tests 2 wavelet analysis[J].Advance in water resources,2003,26:107-116.

[31] Beck S B M,et al.Pipeline system identification through cross-correla-tion analysis[J].Process Mechanical Engineering,2002,21(6):325-334.

[32] Lukonin V P.Estimation of Leakage Detection Methods for Using in Automatic Testing Systems[J].Acoustic methods,2003,(5):9-13.

[33] 崔谦,靳世久,李一博.模糊聚类分析方法在管道泄漏检测系统中的应用研究[J].电子测量与仪器学报,2006,20(2):60-62.

[34] Siebert H.A Simple Method for Detecting and Locating Small Leaks in Gas Pipelines.Process Automation[J],Oldenbourg,Germany,1981:90-95.

[35] 陶洛文,方崇智,肖德云,等.以辨识为基础的长输管线故障定位[J].清华大学学报(自然科学版),1986,26(2):69-75.

[36] 黄文,毛汉领,包家福,等.管道泄漏检测用人工神经网络技术[J].无损检测,2002,21(4):1-3.

[37] Belsito S,et al.Leak detection in liquefied gas pipelines by artificial

neural networks[J].AICHE Journal,1998,44(12):68-75.

[38] 梁伟,张来斌,王朝晖.基于模糊理论的输油管道泄漏状态监测研究[J].
石油机械,2007,35(6):42-45.

[39] Gomm J B.Adaptive Neural Network Approach to On-line Learning
for Process Fault Diagnosis[J].Trans Inst MC,1998,20（3):144-152.

[40] Chen Z G.Using Fuzzy Theory and Information Entropy to Detect
Leakage for Pipelines(C).10th World Congress on Intelligent Control
and Automation(WCICA 2012),Beijing,China,2012,7.6-7.8p:3232-
32352012-07.

[41] 孙良,王建林,赵利强.负压波法在液体管道上的可检测泄漏率分析[J].
石油学报,2010,31(04):654-658.

[42] Tu Y Q,et al.A revised statistical deduction approach to pipeline leak
detection[J].IEEE IMTC-Instrumentation and Measurement Technol-
ogy Conference,May,2003:20-22.

[43] 杨纶标,高英仪编.模糊数学•原理及应用[M].广州:华南理工大学出
版社,2004.

[44] 赵瑾,申忠宇,顾幸生.基于定量模型故障诊断技术若干问题的研究[J].
自动化仪表,2005,26(3):5-9.

[45] 朱永娇,刘洪刚,郑威.复杂系统基于定性关系的建模与诊断推理研究
[J].系统工程与电子技术,2007,29(6):903-906.

[46] Liu Y Y,Yang G L,Li M,Hongliang Yin.Variational mode decomposi-
tion denoising combined the detrended fluctuation analysis[J].Signal
Processing,2016,125.

[47] Pérez-Canales D,Álvarez-Ramírez J,Jáuregui-Correa J C,et al.Identifi-
cation of dynamic instabilities in machining process using the approxi-
mate entropy method[J].International Journal of Machine Tools &
Manufacture,2011,51(6):556-564.

[48] 胡瑞芬,李光,张锦.一种新的脑电特征提取方法研究[J].仪器仪表学
报,2006,27(z3):2187-2188.

[49] 赵志宏,杨绍普.一种基于样本熵的轴承故障诊断方法[J].振动与冲击, 2012,31(06):136-140+154.

[50] 王新沛,杨静,李远洋,等.基于样本熵快速算法的心音信号动力学分析 [J].振动与冲击,2010,29(11):115-118.

[51] Breiman L.Random forests[J].Machine Learning,2001,45:5-32.

[52] Fang Wang,Weiguo Lin,Zheng Liu,et al.Pipeline Leak Detection and Location Based on Model-Free Isolation of Abnormal Acoustic Signals. 2019,12(16)

[53] 王新颖,江志伟,于永亮,等.多信息融合的城市燃气管道泄漏诊断技术 研究[J].中国安全科学学报,2014,24(6):165-170.

[54] Chen Z G,Xu X,Du X L,et al.Leakage Detection in Pipelines Based on Synchrosqueezed Wavelet Transform(C).the 31st Chinese Control and Decision Conference, CCDC 2019, June 3-5, 2019 Nanchang, China. 2708-27132019.6.3.

[55] 何正友,刘志刚.小波熵理论及其在电力系统中应用的可行性探讨[J]. 电网技术,2004,28(21):17-21.

[56] 李建勋,柯熙政,郭华.小波方差与小波熵在信号特征提取中的应用[J]. 西安理工大学学报,2007,23(4):365-369.

[57] 刘光晓,李玉星,刘翠伟,等.泄漏音波信号特征量提取与滤波方法研究 [C].中国石油管道公司、中国石油学会石油储运专业委员会等:油气储 运杂志社,2013:181-187.

[58] 武文娇,陈志刚.第二代小波降噪在燃气管道泄漏检测中的应用[J].北 京建筑工程学院学报,2013,29(03):46-48.

[59] 张荣标,胡海燕,冯友兵.基于小波熵的微弱信号检测方法研究[J].仪器 仪表学报,2007,28(11):2078-2084.

[60] 郭晨城,文玉梅,李平,等.采用EMD的管道泄漏声信号增强[J].仪器仪 表学报,2015,36(06):1397-1405.

[61] 李娟,周东华,司小胜,等.微小故障诊断方法综述[J].控制理论与应用, 2012,29(12):1517-1529.

[62] Torres L，Verde C，Vázquez-Hernández O.Parameter identification of marinerisers using Kalman-like observers[J].Ocean Engineering，2015,(93):84-97.

[63] Dragomiretskiy K,Zosso D.Variational Mode Decomposition[J].IEEE Transactions on Signal Processing,2014,62(3):531-544.

[64] 胡薛毅,黄声享,庞辉.变形监测数据小波去噪分解尺度确定方法[J].测绘地理信息,2017,42(02):44-48.

[65] 孟令雅,付俊涛,李玉星,等.输气管道泄漏音波信号传播特性及预测模型[J].中国石油大学学报(自然科学版),2013,37(2):124-129.

[66] 王秀芳,朱道鸿,葛延良.基于VMD——EV的天然气管道小泄漏信号去噪研究[J].压力容器,2019,36(03):69-73.

[67] Chen Z G,Xie Y D,Yuan M X.Weak Feature Signal Extraction for Small Leakage in Pipelines Based on Wavelet(C).2012 IET International Conference on Information Science and Control Engineering,2012,Dec,Shenzhen(ICISCE 2012)P.995-998,2012.12.

[68] 肖启阳,李健,孙洁娣,等.基于EWT及模糊相关分类器的管道微小泄漏检测[J].振动与冲击,2018,37(14):122-129.

[69] 王云飞,梁伟,张来斌.多层融合的管道泄漏诊断技术研究[J].中国安全科学学报,2013,08:171-176.

[70] 梁伟,张来斌,王朝晖.基于数据挖掘的负压波特征参数优化方法[J].石油机械,2008,12:38-42+85-86.

[71] 侯庆民.燃气长直管道泄漏检测及定位方法研究[D].博士学位论文,哈尔滨工业大学.2013.

[72] Hyvarinen A,Karhunen J,Oja E.Independent component analysis[M].New York:John Wiley&Sons,Inc,2001:147-289.

[73] Hyvarinen A.Oja E.Independent component analysis:algorithms and applications[J].Neural networks,2000,13(4-5):411-430.

[74] 杨福生,洪波.独立分量分析的原理与应用[M].北京:清华大学出版社,2006.

［75］王明达,张来斌,梁伟,等.基于独立分量分析和支持向量机的管道泄漏识别方法[J].石油学报,2010,31(04):659-663.

［76］王新沛,杨静,李远洋,等.基于样本熵快速算法的心音信号动力学分析[J].振动与冲击,2010,29(11):115-118.

［77］王新颖,江志伟,于永亮,等.多信息融合的城市燃气管道泄漏诊断技术研究[J].中国安全科学学报,2014,24(6):165-170.

［78］Cerrada M,Zurita G,Cabrera D,et al.Fault diagnosis in spur gears based on genetic algorithm and random forest[J].Mechanical Systems and Signal Processing,2016,70-71.

［79］王学渊,陈志刚,钟新荣,等.基于随机森林的管网漏失诊断方法[J].计算机应用,2018,38(S1):20-23.

［80］王新颖,江志伟,于永亮,等.多信息融合的城市燃气管道泄漏诊断技术研究[J].中国安全科学学报,2014,06:165-170.

［81］胡青,孙才新,杜林,等.核主成分分析与随机森林相结合的变压器故障诊断方法[J].高电压技术,2010,07:1725-1729.

［82］Fadaee M J.and Tabatabaei R.RETRACTED:Estimation of failure probability in water pipes network using statistical model[J].Engineering Failure Analysis,2011.18(4):1184-1192.

［83］陈志刚,张来斌,王朝晖,等.基于 ICA 技术的管道泄漏特征信号提取方法[J].微计算机信息,2008,01:65-66+51.

［84］Li C,Sanchez R V,Zurita G,et al.Gearbox fault diagnosis based on deep random forest fusion of acoustic and vibratory signals[J].Mechanical Systems and Signal Processing,2016,:.

［85］陈志刚,张来斌,王朝晖,等.基于 ICA 技术的管道泄漏特征信号提取方法[J].微计算机信息,2008(01):65-66+51.

［86］Chen Z G,Xu X,Du X L,et al.Leakage Detection in Pipelines Using Decision Tree and Multi-Support Vector Machine,2ndInternational Conference on Electrical,Control and Automation Engineering(ECAE 2017),Xiamen,2017,12:327-331.

[87] Demirci S,et al.Ground penetrating radar imaging of water leaks from buried pipes based on back-projection method[J].Ndt & E International,2012.47(2):35-42.

[88] 刘明亮.基于 BP 神经网络输油泄漏监测识别技术研究.信息技术,2006,3:49-51.

[89] 刘光晓,孟令雅,刘翠伟,等.基于盲源分离技术的泄漏音波信号滤波方法分析[J].振动与冲击,2014,(24):192-199.

[90] 王学渊,陈志刚,钟新荣,等.基于粒子群优化的 SVM 供水管道泄漏诊断方法[J].现代电子技术,2018,41(07):156-159+164.

[91] 梁伟.基于远程的输油管道泄漏智能诊断方法研究[D].石油大学(北京),2005.

[92] 黄春芳.原油管道输送技术[M].北京:中国石化出版社,2003:79-130.

[93] 张弢甲,富宽,刘胜楠,等.基于流量平衡法的泄漏识别改进算法[J].管道技术与设备,2017(04):19-22+28.

[94] 王蓓,张根耀,李智,等.基于新阈值函数的小波阈值去噪算法[J].计算机应用,2014,34(05):1499-1502.

[95] 武文娇,陈志刚.第二代小波降噪在燃气管道泄漏检测中的应用[J].北京建筑工程学院学报,2013,29(03):46-48.

[96] 向玲,李媛媛.经验小波变换在旋转机械故障诊断中的应用[J].动力工程学报,2015,35(12):975-981.

[97] 张振亚,张猛,谢陈磊等.建筑二次供水管网的漏损定位研究[J].中国科学技术大学学报,2017,47(04):336-341.

[98] Meixia Y,Zhijie X,Zhigang C,et al.Weak feature signal extraction for small leakage in pipelines based on wavelet[C].IET International Conference on Information Science and Control Engineering 2012 (ICISCE 2012),2012:995-998.

[99] 胡小英,刘卫国,曹新寨等.一种基于油田注水管网的水力计算模型[J].石油仪器,2007(03):13-15+97.

[100] 史晓蒙,吕宇玲,杨玉婷.地面输油管道泄漏流散数值模拟[J].中国安

全生产科学技术,2017,13(01):90-96.

[101] Chen J,Li Z,Pan J,et al.Wavelet transform based on inner product in fault diagnosis of rotating machinery:A review[J].Mechanical Systems and Signal Processing,2016,70-71:1-35.

[102] Huimin Z,Meng S,Wu D,et al.A New Feature Extraction Method Based on EEMD and Multi-Scale Fuzzy Entropy for Motor Bearing [J].Entropy,2016,19(1):14-26.

[103] Junqi L,Hongbing Z,Yu J,et al.The 10.7-cm radio flux multistep forecasting based on empirical mode decomposition and back propagation neural network[J].IEEJ Transactions on Electrical and Electronic Engineering,2020,15(4):584-592.

[104] 陈志刚,张来斌,梁伟,等.复杂工况下热油管道泄漏识别与定位方法研究[J].西南石油大学学报(自然科学版),2008,30(06):157-160+217.

[105] 梁凤勤,高媛,刘功银,等.基于 AutoEncoder 的油气管道控制系统异常状态监测方法[J].电子测量与仪器学报,2019,33(12):10-18.

[106] 张涛,刘文华,赵谊平.基于孪生网络和长短时记忆网络的输油管道泄漏检测方法[J].计算机应用,2019,39(S1):241-244.

[107] 王新颖,杨泰旺,宋兴帅,等.卷积神经网络在燃气管道故障诊断中的应用[J].工业安全与环保,2019,45(02):36-40+68.

[108] 孙洁娣,乔艳雷,温江涛.压缩感知域智能天然气管道泄漏孔径识别[J].仪器仪表学报,2017,38(12):3071-3078.

[109] 许可.卷积神经网络在图像识别上的应用的研究[D].浙江大学,2012.

[110] Wang Q,Teng Z,Xing J,et al.Learning attentions:residual attentional siamese network for high performance online visual tracking[C]// Proceedings of the IEEE conference on computer vision and pattern recognition.2018:4854-4863.

[111] YU C,LI Y,BAO Y,et al.A novel framework for wind speed prediction based on recurrent neural networks and support vector machine [J].Energy Conversion and Management,2018,178:137-145.

[112] Erfani S M, Rajasegarar S, Karunasekera S, et al. High-dimensional and large-scale anomaly detection using a linear one-class SVM with deep learning[J].Pattern Recognition,2016,58: 121-134.

[113] 闫菁,冯早,吴建德,等.基于 CEEMD 与 BP-AdaBoost 的排水管道堵塞辨识[J].电子科技,2018,31(08):42-46.

[114] 程正阳,王荣吉,潘海洋.辛几何模态分解方法及其分解能力研究[J].振动与冲击,2020,39(13):27-35.

[115] 肖启阳,李健,孙洁娣,等.基于 EWT 及互时频的天然气管道泄漏定位[J].仪器仪表学报,2016,37(12):2735-2742.

[116] Chen Z G,Xu X,Du X L,et al.Leakage Detection in Pipelines Based on Synchrosqueezed Wavelet Transform[C].the 31st Chinese Control and Decision Conference,2019;2708-2713.

[117] Layouni M,Hamdi M S,Tahar S.Detection and sizing of metal-loss defects in oil and gas pipelines using pattern-adapted wavelets and machine learning[J].Applied Soft Computing,2017,52:247-261.

[118] Chen Z G,Zhong X R,Xie Y D.Leakage Diagnosis Method for Pipelines Based on Multi-Weight Neural Network[J].Applied Mechanics and Materials,2015,697:429-433.

[119] Lu H,Huang K,Fu L,et al.Study on leakage and ventilation scheme of gas pipeline in tunnel[J].Journal of Natural Gas Science and Engineering,2018,53:347-358.

[120] 杜小磊,陈志刚,张楠,等.基于小波和深度小波自编码器的轴承故障诊断[J].机械传动,2019,43(09):103-108.

[121] 杨南海,黄明明,赫然,等.基于最大相关熵准则的鲁棒半监督学习算法[J].软件学报,2012,23(02):279-288.

[122] 牛玉虎.卷积稀疏自编码神经网络[J].计算机与现代化,2017(02):22-29+35.

[123] 陈实,易军,李倩,等.基于自适应动量因子的区间神经网络建模方法[J].四川大学学报(自然科学版),2017,54(05):978-984.

[124] 陈志刚,张来斌,王朝晖等.基于分布式光纤传感器的输气管道泄漏检测方法[J].传感器与微系统,2007(07):108-110.

[125] 梁伟,张来斌,王朝晖.基于数据挖掘的负压波特征参数优化方法[J].石油机械,2008,36(12):38-42+85-86.

[126] 王建国,刘朋真,王少锋,等.基于 EMD 和小波包降噪的压力管道微泄漏源定位研究[J].河南理工大学学报(自然科学版),2017,36(04):83-88.

[127] 杜小磊,陈志刚,张楠,等.SST 和深度脊波网络在轴承故障诊断中的应用[J].河南理工大学学报(自然科学版),2020,39(01):75-82.

[128] Sweldens W.The lifting scheme:A construction of second generation wavelets [J].SIAMJ Math Anal,1997,29(2):511-546.

[129] Huang N E,Shen Z,Long S R,et al.The empirical mode decomposition and the Hilbert spectrum for nonlinear non-stationary time series analysis [J].Proceeding of Royal Society London A,1998,454:903-995.

[130] 郎宪明,李平,曹江涛,等.长输油气管道泄漏检测与定位技术研究进展[J].控制工程,2018,25(04):621-629.

[131] 方炜炜,姜德生,张翠.分布式光纤布拉格光栅解调系统[J].光学与光电技术.2004,2(5):37-39.

[132] 柴敬,张丁丁,李毅.光纤传感技术在岩土与地质工程中的应用研究进展[J].建筑科学与工程学报,2015,32(03):28-37.

[133] 贾文娟,张煜东.自编码器理论与方法综述[J].计算机系统应用,2018,27(05):1-9.

[134] 刘效勇,曹益平,卢佩.基于压缩感知的光学图像加密技术研究[J].光学学报,2014,34(03):99-107.

[135] Ren L,Jiang T,Jia Z G,et al.Pipeline corrosion and leakage monitoring based on the distributed optical fiber sensing technology[J].Measurement,2018,122:57-65.

[136] Chen Z.Leak Detection for City Gas Pipelines Based on Instantaneous

Energy Distribution Characteristics[C].International Pipeline Conference,2010:507-514.

[137] 孙立瑛,李一博,靳世久,等.基于小波包和 HHT 变换的声发射信号分析方法[J].仪器仪表学报,2008(08):1577-1582.

[138] 段晨东,何正嘉.第二代小波降噪及其在故障诊断系统中的应用[J].小型微型计算机系统,2004(07):1341-1343.

[139] Chen Z G,Zhong X R,Lian X J,et al.Leakage Detection in Pipelines Based on Bragg Fiber Technique[J].Applied Mechanics and Materials,2014,687-691:929-933.

[140] 姚毅.微波无损检测技术在工程中的应用研究[J].四川轻化工学院学报,2003,16(1):5-12.

[141] 陈志刚,张来斌,王朝晖,等.应用微波技术检测天然气管道泄漏[J].天然气工业,2008(01):119-121+175.

[142] 付玉存.飞灰含碳量微波检测技术研究[D].华北电力大学,2016.

[143] 陈志刚,张来斌,王朝晖,等.基于组态的管道泄漏检测系统研究与应用[J].计算机测量与控制,2007(10):1268-1269+1291.

[144] 陶杰,许乃霞,翁芸娴,等.基于组态软件的温室育秧电气控制虚拟实训系统开发[J].中国农机化学报,2019,40(03):74-77.

[145] Panda A R,Mishra D,Ratha H K.Implementation of SCADA / HMI System for Real-Time Controlling and Performance Monitoring of SDR based Flight Termination System[J].Journal of Industrial Information Integration,2016,3:20-30.

[146] 王明超.基于单片机的管道泄漏检测报警系统的设计与实现[J].电子设计工程,2019,27(17):154-158.

[147] 陈志刚,张来斌,王朝晖.油气管道远程监控系统中数据采集实现[J].石油矿场机械,2007(04):47-51.

[148] 赵阳光,魏霞.基于 Modbus 协议的远程 AI 模块的开发[J].现代电子技术,2019,42(06):179-182.

[149] 陈志刚,张来斌,王朝晖.基于 Modbus/TCP 的管道泄漏远程检测系统

研究[J].石油机械,2006(05):40-43＋2.

[150] 郑宗强,翟明玉,彭晖,等.电网调控分布式 SCADA 系统体系架构与关键技术[J].电力系统自动化,2017,41(05):71-77.

[151] 马国华.监控组态软件及其应用[M].北京:清华大学出版社,2001.

[152] 陈志刚,张来斌,王朝晖,等.油气管道泄漏远程监测系统设计与开发[J].石油工程建设,2007(01):1-4＋82.

[153] 黄策.输油管道泄漏检测 SCADA 系统的研究[D].西安:西安石油大学,2014.